W0388134

Hrsg. Ulrich Heerd

Das HAARP-Projekt

über Mobilfunk zur Strahlenwaffe

über Wetterveränderung zur Bewußtseinskontrolle

Mit Beiträgen von:

Garry Vassilatos, Nikola Tesla,

T.E. Bearden und Jim Keith

Vorbehaltserklärung:

Dieses Buch ist dazu bestimmt, in Bezug auf die behandelten Themen Informationen zu vermitteln und zu unterhalten. Bei eventuellem Verlust oder Schaden, der direkt oder indirekt durch die in diesem Buch enthaltenen Informationen verursacht wäre, sind weder Autor noch Verlag/Vertrieb irgendjemandem gegenüber schadensersatzpflichtig oder verantwortlich.

Hrsg.: Ulrich Heerd

Das HAARP Projekt

über Mobilfunk zur Strahlenwaffen

über Wetterveränderung zur Bewußtseinskontrolle

Mit Beiträgen von:

Garry Vassilatos, Nikola Tesla,

T.E. Bearden und Jim Keith

Edition Neue Energien

Das HAARP Projekt
ISBN 3-89539-266-9

Titelseite: Petra Friebel

alle deutschsprachigen Rechte beim Verlag

Nachdruck auch auszugsweise nur mit schriftlicher Genehmigung des Verlages.

Nachdem von verschiedenen unserer Bücher Raubdrucke, teilweise sogar ganze Ausgaben, in Umlauf gebracht wurden und wir nicht mehr bereit sind, dies tatenlos hinzunehmen, bitten wir alle aufrichtig, unsere Rechte zu achten. Für uns als kleinen Verlag sind die Kosten, die mit der Herausgabe der Bücher verbunden sind, z. B. Lizenzen, Honorare, Übersetzung etc., enorm. Menschen, die Teile dieses Buches oder das ganze Werk vervielfältigen, sparen sich diese Kosten und schaden somit einem kleinen, mutigen Verlag. Wir danken für Ihr Verständnis.

1. Auflage 6/98
Das HAARP Projekt
Edition Neue Energien
Sonnenbichl 12, 86971 Peiting
Tel.: 08861-59018 Fax: 08861-67091

INHALTSVERZEICHNIS

Heerd

Niemand soll ein tragbares Gerät oder eine Waffe kaufen, zum Kauf anbieten oder besitzen, von der ein elektrischer Strom, ein Impuls, elektromagnetische Wellen oder ein Strahl gerichtet ausgehen kann, welche geeignet sind, vorübergehend einen Menschen kampfunfähig zu machen, zu verletzen oder zu töten."

Auszug aus dem GESETZ gegen elektronische Waffen

Massachussets / USA

Für alle die noch denken wollen,
die noch denken können.

Für unsere Kinder

Ein Wort zuvor

Als ich das erste Mal von dem HAARP-Projekt hörte, konnte ich mir das ganze Ausmaß dessen, was sich hinter der harmlos klingenden Abkürzung verbarg, nicht vorstellen.
Mir waren die „Montauk-Bücher" bekannt, ebenso wie die „Alternative 3". Mit T.E. Bearden begann ich mich gerade vorsichtig zu befassen.
Ich kannte bereits einige Schriften von Nikola Tesla und war dabei, die Gesamtausgabe dieses großartigen Genies herauszugeben, so daß ich eine Ahnung davon erhielt, daß HAARP nicht irgendeine Spinnerei war.
Mir wurde sehr schnell klar, daß spätestens mit dem HAARP-Projekt die Menschheit die Büchse der Pandora geöffnet hat und die Richmonds mit ihrem „Verschollenen Jahrtausend" nicht über den Untergang von Atlantis, sondern über unsere heutige Zeit schrieben.
Als ich dann in raum&zeit den phantastischen Artikel las und mir anschließend das Buch „Löcher im Himmel" besorgte, war mir klar, daß dieses Thema nicht nur brisant war, sondern daß es weit, weit überfällig war, darüber eine breitgefächerte Diskussion zu beginnen. Die überwiegende Mehrzahl der Menschen in Europa hat nicht die leiseste Ahnung, a) was technisch, heute überhaupt möglich ist und b) in welch ungeheurem Ausmaß bereits diese für sie kaum vorstellbare Technik eingesetzt wird, und es bleibt zu befürchten, daß sie gegen die überwiegende Mehrzahl der Menschen eingesetzt wird.
Hier beginnt dann auch das Problem.
Wie soll man über so etwas schreiben?

Wenn man wirklich ganz sauber bleiben wollte, würde es ein reines, sehr komplexes, wissenschaftliches Sachbuch werden. Ein Buch, geschrieben für eine Minderheit der Physiker.
Diese Arbeit will und kann ich bei weitem nicht leisten. Mir fehlen dafür sämtliche, aber auch wirklich sämtliche Voraussetzungen.
Und doch ist mir das, was ich über das HAARP-Projekt zusammentrug, nicht unverständlich. Ich nahm mir also vor, ein Buch zu schreiben, das in der Begrifflichkeit soweit unten anfängt, daß ich es, wenn ich es lesen würde, auch verstehen könnte.
Heißt: ich muß über den Elektrosmog im allgemeinen, über die ELF-Wellen im besonderen schreiben. Ich muß erklären, welche Geistesgröße Nikola Tesla ist und was ein Wissenschaftler, der bereits vor über hundert Jahren seine ersten wichtigen Patente einreichte, mit dem „Krieg der Sterne" der Vereinigten Staaten zu tun hat. Es gilt aufzuzeigen, daß „Strahlenwaffen" keine Utopien sind, sondern bereits brutale Wirklichkeit, und dann soll natürlich das HAARP-Projekt selber erklärt werden. Sein offizieller Auftrag und seine Patente und das, was mit ihm möglich ist.
Das alles war/ist sehr schwer unter einen Hut zu bringen. Jedes dieser Themen ist ein oder mehrere Bücher wert, und es bedarf ihrer auch, wenn die Bereiche auch nur halbwegs würdig behandelt werden wollen. So ist das vorliegende Buch nichts als ein Versuch - ein Versuch, einen Einstieg und eine Grundlage zu schaffen für eine zu führende öffentliche Diskussion. Die Beiträge von Vassilatos, Tesla, Bearden und Keith sollen der Vertiefung zu dem Thema dienen, ebenso die Vielzahl von Quellen- und Literaturhinweisen.

Nun, ich habe während der Arbeit an diesem Buch große Unterstützung erhalten. Seien es Unterlagen der Anti HAARP Alliance des BUND, sei es eine übersichtliche kleine Zusammenfassung von Greenpeace Deutschland. Aus dem Freundeskreis des Verlages kamen einzelne wissenschaftliche Arbeiten und Informationen, einen überzeugenden Artikel fanden wir in der Loseblatt-Sammlung „Andromeda Inside", und natürlich auch jede Menge aus dem Internet. Das Internet entpuppte sich als eine wahre Fundgrube. Hier kann man wirklich fast alles finden. Offizielle Stellungnahmen, kritische Wissenschaftler, Insiderinformationen, wilde Gerüchte - einfach alles.

Mind Control beim Spiegel?

Auch wenn nicht alles Gold ist, was glänzt, so ist die große Mehrheit der Informationen im Internet zu dem Thema seriöser als das, was der Spiegel in seinem ersten Beitrag gebracht hatte.[1] Der Artikel war meiner Meinung nach an menschenverachtendem Zynismus, an Inkompetenz und Arroganz kaum zu überbieten. Ich kann nur glauben, daß, wer immer auch diesen Artikel geschrieben hatte, daß dieser Jemand sehr wohl wußte, wer ihn dafür bezahlt hat.

Wer die beiden Autoren Nick Begich und Jeane Manning als Hysteriker bezeichnet und die Möglichkeit der Manipulation des menschlichen Denkens und Fühlens als Phantastereien abtut, hat sich längst aus der seriösen, wissenschaftlichen Diskussion verabschiedet.

Ein schönes deutsches Sprichwort heißt: *Wer den Teufel an die Wand malt, zu dem kommt er*.

Vielleicht war die Dosis „Mind Control", mit denen sich der/die Spiegelautoren befassen mußten, bereits zu groß, und sie sind selber Opfer dessen geworden, was sie als Spinnerei abtun wollten.

Ich lasse es dabei bleiben, lassen wir das sogenannte „kritische Nachrichtenmagazin mit seinen ausgewählt guten Kontakten zu deutschen Nachrichtendiensten" einfach links oder rechts liegen, getreu dem Motto: Was kratzt es die europäische Eiche, wenn sich ein Warzenschwein dran schabt.

---

[1] 1. Der Spiegel 41/1996: Gekochter Himmel

Eine weitere Schwierigkeit stellte sich dann bei der Arbeit heraus. HAARP ist kein Geheimprojekt wie das Montauk-Projekt oder andere Vorläufer, HAARP ist öffentlich, mit der Möglichkeit von Betriebsbesichtigungen und einer aktiven Pressearbeit. Öffentliche Gelder werden im Senat beschlossen, und übers Internet kann man alles erfahren, was zu erfahren genehm ist. Wer will, kann herausbekommen, was die MitarbeiterInnen in der jeweiligen Woche zu essen bekommen. Und doch ist es so, daß vor unser aller Augen die größte Ungeheuerlichkeit praktiziert wird, wie wir sie uns kaum vorstellen können.
Das Buch wird geschrieben, weil es an der Zeit ist, daß wir alle, jeder einzelne Bürger, wie aber auch unsere Politiker und Wissenschaftler, uns mit diesem Thema dringend befassen müssen.
Über HAARP gehört auf allen Ebenen diskutiert. Was ist mit dieser Technologie möglich, was muß verhindert werden, aber auch: was kann man fördern, kann man die Technologie auch positiv anwenden, und wenn ja, wie und was ist dafür zu tun?

Ich hoffe, mit diesem Buch einen kleinen Schritt geleistet zu haben, daß wir verstärkt über Strahlenwaffen, Elektromagnetische Wellen, Gedankenkontrolle etc. nachdenken, solange wir es noch können.

Uli Heerd
Mai 1998

BUND und der Elektrosmog

Der BUND dürfte die wohl mit Abstand größte Umweltinitiative in Deutschland sein.
Die Zeit, in der die Initiative in der Öffentlichkeit überwiegend mit Baumpflanzaktionen präsent war, ist seit langem vorbei.
Örtliche, landes- und bundesweite kompetente Arbeitskreise zu den verschiedensten Themen prägen seit langem das Bild.
Innerhalb des BUND finden sich angesehene und hochkarätige Wissenschaftler aller Disziplinen.
Der BUND gehörte zu den ersten, die auf die Gefahren der Mikrowelle hinwiesen, überall entstanden diesbezüglich Arbeitskreise. Aus diesen Arbeitskreisen entstanden dann häufig die Arbeitskreise gegen Elektrosmog.

An dieser Stelle wollen wir einen Arbeitskreis zu Wort kommen lassen und zitieren aus dem Jahresbericht 1997[2]:

Der Arbeitskreis befaßt sich mit den gesundheitsgefährdenden Auswirkungen von elektromagnetischen Feldern auf Mensch und Umwelt. Seit ihrer Erfindung hat es zur Stromnutzung nie eine Risikoabklärung gegeben. Unsere Nachforschungen erbrachten, daß die landläufige Vorstellung „Stromnutzung ist ohne gesundheitliche Gefährdung möglich“ aufgegeben werden muß.

---

[2] Jahresbericht des Arbeitskreises Elektrosmog, Berlin

Die Schweden sind uns weit voraus, da sie die Folgen der jahrzehntelangen unkritischen Stromnutzung nicht ignorieren. Das bedeutet kurzgefaßt, daß stromkranke Menschen in Schweden nicht als psychisch krank abgestempelt werden. Schweden versucht, diesen sogenannten 'Elektrosensiblen' in stromfreien Caravan-Städten - fern jeder menschlichen Ansiedlung - ein neues Leben zu ermöglichen. Schweden hat den Grenzwert auf 0,2 Mikrotesla abgesenkt und seine Technik umgestellt. In Deutschland lag der Grenzwert bis Ende 1996 noch bei 400 Mikrotesla (Anmerkung des Herausgebers: kein Druckfehler, das war ein um 200.000% höherer Wert). *Ab Januar 1997 liegt der Wert bei 100 Mikrotesla* (Anmerkung des Herausgebers: Bei dem Stand unserer Technik in Deutschland würde ein weiteres Absenken bedeuten: keine Bahn fährt mehr, keine Radio- oder Fernsehsendung wäre mehr möglich - wobei grundsätzlich das Absenken des Wertes auf 0,2 Mikrotesla natürlich möglich ist, wie das Beispiel Schweden zeigt).

BUND und der Mobilfunk

Der größte Teil der investierten Arbeitszeit wurde der neuen Massentechnologie Mobilfunk gewidmet, die in unserer Republik ohne jede Grundlagenforschung aufgebaut wird. Das hat u.a. der Verwaltungsgerichtshof Hessen massiv gerügt (ca. 400 anhängige Verfahren im Mobilfunk-Streit).
Die Wirkung digital gepulster Hochfrequenzfelder (freie Mikrowellenstrahlung in die Umgebung) ist bis heute offiziell unerforscht. Da die Mobilfunkbetreiber biologische Frequenzen benutzen, das heißt Frequenzen, die auch von menschlichen und tierischen Zellen gebraucht werden - uns also die Mikrofunkbetreiber seit 1992 ununterbrochen in unsere Zellkommunikation hineinfunken - ist für den gesunden Hausverstand die unbewiesene Behauptung der Betreiber: „Alles völlig ungefährlich" nicht nachvollziehbar.

Bildlich gesprochen ist folgendes passiert: Irgendwann 1992 sind Sie morgens aufgewacht, und überall war Nebel, nicht nur draußen, sondern auch überall in Ihrer Wohnung. Dieser Nebel durchdrang auch Ihren Körper. Und seitdem leben Sie rund um die Uhr in diesem allgegenwärtigen Nebel, egal wo Sie sich in unserem Land aufhalten. Mit jedem Handy, das ans Netz geht, wird dieser Nebel dichter. 1998 wird ein weiteres Mobilfunknetz (E 2) zugeschaltet.

Der Arbeitskreis bemühte sich, anerkannte Wissenschaftler dazu zu bewegen, zumindest Warnungen für die Bevölkerung auszusprechen, z.B. für Schwangere. Wir stießen auf eine Mauer des Schweigens und liefen von einer Sackgasse in die nächste. Dieses massive Bestreiten möglicher negativer athermischer Wirkungen des Mobilfunks erschien uns rätselhaft, da diese zellkommunikativen und hirnstrommanipulierenden Wirkungen der gepulsten Mikrowellenstrahlung schon vor 40 Jahren, vor allem in der ehemaligen Sowjetunion (Militär), nicht nur erforscht, sondern auch angewandt worden sein sollen (Woodpecker-Signal, Bestrahlung der amerikanischen Botschaft in Moskau. Alle Angestellten wurden krank. Die, die bisher gestorben sind, starben an Krebs.) Auch wurden Wissenschaftler, die nachwiesen, daß mit gepulster Mikrowellenstrahlung menschliche Gehirnströme verändert werden können, massiv diskreditiert.

BUND und HAARP

Dieses Rätsel löste sich im Herbst 1996, als wir auf die HAARP-Anlage in Alaska aufmerksam wurden. Bei Gakona wird der derzeit größte Ionosphärenheizer (Heater) der Welt aufgebaut.

Stand Juni 1996: 360 Sendemasten.

Zitat aus raum&zeit, Artikel[3]: Durchgeknallt. Ein Wahnsinnsprojekt aus USA bedroht uns alle:
„Damit kann man eine Nation auf einem Bein tanzen lassen, Krebsinformationen oder andere Krankheitsinformationen weltweit übertragen und zwar punktgenau, man kann eine ganze Stadt in den Wahnsinn treiben, das Wetter beeinflussen, den Erdpol verschieben (das könnte Polsprung bedeuten), Erdbeben auslösen usw.“

4.000 Seiten Quellenmaterial lagen diesem Artikel über das modernste, leistungsfähigste und flexibelste elektromagnetische Waffensystem zugrunde. Die Patente, die zu diesem Waffensystem geführt haben, wurden sorgfältig recherchiert. Z.B. das US Patent[4]: Strahlungslose Explosionen von nuklearer Stärke.
Unter anderem soll pro Stunde die Energie einer Hiroshima - Bombe in die Ionosphäre gestrahlt werden (geplante Gesamtleistung 100 Gigawatt = einhundert Milliarden Watt).

---

[3] raum&zeit 83,96
[4] US Patent Nr. 4873928

Die Ionosphäre „hält" unsere Atmosphäre um den Planeten; es könnte sein, daß wir plötzlich „ohne" dastehen.

Wir waren auf die neue Waffengeneration nach den ABC-Waffen (atom./biolog./chemisch) gestoßen. Diese neuen Waffen heißen RF-weapons (= radiofrequencies weapons) und werden als nonletale (nicht- tötende) Waffen hochgelobt.
Der Feind muß nicht mehr verletzt oder getötet werden - seine Körperfunktionen werden mit entschlüsselten Frequenzen manipuliert, und der Aggressor nimmt Einfluß auf das Verhalten des Angegriffenen.
„Tatsächlich kann mit diesem Waffensystem eine tiefgreifende Bewußtseinsmanipulation großer Teile der Erdbevölkerung über die Aussendung spezifischer EEG- und anderer physiologischer Signale erreicht werden." [5]

Wie eine Atombombe aussieht, weiß jeder. Die neue Waffen sind und sehen aus wie Antennen.

Auch in unserer Republik werden jeden Tag mehr Sendetürme und Sendeanlagen aufgebaut. WAS gesendet wird, kann kaum jemand überprüfen, es sei denn, er wäre ein ausgebildeter Strahlenphysiker und besäße ein Equipment im Wert ab ca. DM 150.000,--, wie es die Technischen Universitäten haben. Wie uns unser Fachmann aus dem Arbeitskreis Immissionsschutz sagte, gibt es in unserem Land nur ca. 100 Wissenschaftler, die mit der Materie hinreichend vertraut sind.

---

[5] raum&zeit 83,96

Wir schreiben dies in den Jahresbericht, da die Hauptarbeit 1997 darin bestehen wird, eine NO-HAARP-ALLIANZ (Berlin-Deutschland-Europa) zu starten und die Arbeit der Trustees for Alaska (Vereinigte Umweltschützer von Alaska) zu unterstützen, da die Anlage im nächsten Jahr vollständig aufgebaut und in Betrieb genommen werden soll.

Die Perversion der Macht

„Das HAARP-Projekt ist vielleicht das Übelste, was Menschen je an der Schöpfung begangen haben, begehen, bereit sind zu begehen.
Wenn sich menschlicher Größenwahn, Machtwahn, pervertiertes Denken und Machbarkeitswahn irgendwo politisch, wirtschaftlich, militärtechnisch ausdrücken, so ist es innerhalb des HAARP-Projektes.
Was ist das HAARP-Projekt, was geschieht dort? Auf welchen Grundlagen wird da herumexperimentiert?
Wirklich befriedigende Antworten auf diese Fragen können wir kaum bieten. Wir können nur den Schleier der Verharmlosung ein kleines Stück lüften."

HAARP auf einen Blick

Der Name:	HAARP heißt „High-frequency Active Auroral Research Program“
Auftraggeber:	US Navy, Air Force mit Unterstützung von Universitäten und Forschungsstationen
Wo:	Gakona, ca. 230 Meilen südlich von Fairbanks und 320 Kilometer nordöstlich von Anchorage in Alaska, USA

Das Herzstück der Anlage ist das IRI (Ionospheric Research Instrument), das aus 360 Antennen besteht, genaugenommen sind es 180 gewaltige Antennentürme, bestehend aus jeweils 2 Paaren sogenannter Kreuzdipolantennen - je ein Teil für Niedrigfrequenz- und einer für Hochfrequenz - Radiowellenübertragung.[6]
Diese 10 Kilometer langen Antennen senden Strahlungen in die Ionosphäre. Die Ionosphäre wird somit aufgeladen, und es entstehen ELF (Extremely Low Frequency) -Wellen, die zur Erde zurückgestrahlt werden.[7]

---

[6] Behind the News, HAARP Projekt: Tuning in the Earth's Ionosphere“ The New Federalist, Oktober 1996

[7] „Durchgeknallt -Ein Wahnsinnsprojekt aus USA bedroht uns alle“, raum&zeit 83/96

Die Ionosphäre wird somit selber zu einer Sendeantenne, Hunderte von Kilometern lang.[8]

Was die Leistung betrifft, muß man wohl von 100 Gigawatt (100.000.000.000 Watt = 100 Milliarden Watt) ausgehen.[9]

---

[8] Behind the News, HAARP Projekt: Tuning in the Earth's Ionosphere" The New Federalist, Oktober 1996

[9] Löcher im Himmel, Ein geheimes Rüstungsprojekt soll ..." Anzeige vom Verlag 2001 und Paul Derek „Angels don't play this HAARP" Peace reviews, September /Oktober 1996 und „Durchgeknallt -Ein Wahnsinnsprojekt aus USA bedroht uns alle", raum&zeit 83/96

HAARP - ein kurzer Einstieg

Dieses Buch stellt vor allem die Entwicklung der modernsten Waffengattung dar - Strahlenwaffen, Waffen mit elektromagnetischen Wellen.

Was hat das aber mit HAARP zu tun?
Nun, das HAARP-Projekt bei Anchorage in Alaska ist die amerikanische Variante der vielleicht größten Abartigkeiten, die Menschen bisher entwickelt haben.
Die HAARP-Anlage ist:

- ein wissenschaftliches,
- ein wirtschaftliches und
- ein militärisches Objekt.

Die HAARP-Anlage ist ein Ionosphärenheizer.
Weltweit gibt es zur Zeit sieben!!! solcher Ionosphärenheizer.
Die Ionosphäre ist die äußerste Schutzschicht um unseren Planeten.
Ziel der Ionosphärenheizer ist es, diese Schicht aufzuheizen.
Neben russischen Anlagen und weiteren US-Anlagen gibt es auch eine Anlage, an der deutsche Wissenschaftler federführend beteiligt sind. Die Anlage ist in Norwegen entstanden und von dem deutschen Max-Planck-Institut gebaut und entwickelt worden.
Die Anlage ist im Rahmen des EISCAT - Projekts in Tromso entstanden und hat eine effektive Strahlenleistung von über einem Gigawatt.

An der Penn State University entstand bereits vor über 30 Jahren der erste US-Ionosphärenheizer. Da dieser das kanadische Kommunikationssystem der Feuerwehreinheiten im Nordosten des Landes blockierte, mußte die Anlage verlegt werden. Ausgewählt wurde dafür ein Land, das in enormer wirtschaftlicher Abhängigkeit von den Vereinigten Staaten ist, das abgelegen, nicht dicht besiedelt und bar jeglicher kritischer, demokratischer Öffentlichkeit war - Puerto Rico.
Die seinerzeit größte US-Anlage mußte ebenfalls verlegt werden. Bereits 1983 wurde die Anlage von Colorado nach Fairbanks, Alaska transportiert.

Was macht der Ionosphärenheizer?

Simpel und einfach ausgedrückt, bestrahlt er die äußerste Schutzschicht der Erde mit Energie. Er pumpt einen HF-Strahl (HF=Hochfrequenz) in die Ionosphäre.

1 Gigawatt	=	1000 Megawatt
1 Megawatt	=	1000 Kilowatt
1 Kilowatt	=	1000 Watt
1Gigawatt	=	1.000.000.000 Watt
1 Gigawatt	=	eine Milliarde Watt

Der Ionosphärenheizer des HAARP-Projekts benötigt „nur" 1 Megawatt, um durch seine zur Zeit 360 Antennen eine Ausgangsleistung von einer Milliarde Watt zu erreichen.
Dies ist möglich, da die Antennenverstärkung ziemlich genau dem Faktor 1.000 entspricht.
Aber aufgepaßt: Dies war der Stand 1995.
1996 gab es eine Ausgangsleistung von 10.000.000.000 Watt (zehn Milliarden Watt).
1998, wenn die 2. Stufe abgeschlossen ist, soll die Anlage mit einer Ausgangsleistung von 100.000.000.000 (hundert Milliarden Watt) gefahren werden.
All diese Angaben bezogen sich auf die Energie pro Stunde. Diese 100.000.000.000 Watt (hundert Milliarden Watt) entsprechen, ohne die Antennen, 50.000.000 (fünfzig Millionen) Heizkörpern à 2 KW, die, volle Kraft aufgedreht, ihre Energie jede Stunde in den Himmel blasen.

Nur um das nochmals zu verdeutlichen: bereits heute (1996-1998) wird stündlich die Energie von einer Hiroshima-Bombe durch das HAARP-Projekt in den Himmel gejagt.

Was hat HAARP, was andere Ionosphärenheizer nicht haben?

Nun, HAARP scheint der einzige Ionosphärenheizer zu sein, der technisch in der Lage ist, mit fokussierten Hochfrequenzstrahlen zu arbeiten.
Das heißt nichts anderes, als daß HAARP punktgenau, konzentriert und gebündelt seinen Strahl in die Ionosphäre schicken kann.
Alle anderen Heizer seiner Art haben „Streuverluste" und können nur eine gröber definierte Fläche in der Ionosphäre erhitzen.
HAARP kann das punktgenau. HAARP kann noch viel mehr. HAARP erhitzt nicht nur eine bestimmte Fläche, sondern schneidet sie im wahrsten Sinne heraus. Wie mit einem riesigen Schneidbrenner kann HAARP Teile der Ionosphäre erst erhitzen und dann heraustrennen, um sie dann anheben zu können. Es zerschneidet einen Teil des Himmels, einen Teil der Erdenschutzschicht. Es zerteilt den Teil, der als äußerster Filter die Erde beschützt und der gleichzeitig Tor zum Weltall ist. Das Bindeglied zwischen WELT und ALL wird zerstückelt - große Löcher werden hineingebrannt. Die erhitzte und herausgetrennte Fläche kann nicht nur angehoben werden, sie kann auch gekippt werden, wie ein riesiges überdimensionales Schild.
Was das für Auswirkungen auf die tieferliegenden Schichten hat, ist bisher nicht einmal im Ansatz erforscht worden.

Wenn wir Texte des Wissenschaftler Bruce Cathie lesen[10], erfahren wir etwas über die Harmonien der Schwingungen und wie gefährlich es ist, diese zu stören. Insbesondere sein neuestes Werk *„Die Harmonie des Weltraums“*[11] führt den Leser in die Mathematik des Weltgitternetzes und zeigt die Verbindungen zwischen den menschlichen Gehirnwellen, der Erde, der Ionosphäre und der Schwerkraft auf. In dem Werk finden wir anschauliche Tafeln, die die harmonischen Beziehungen zwischen dem Erdmagnetfeld, der Lichtgeschwindigkeit und der Antigravitation aufzeigen.

Wer sich mit all diesen Faktoren vertraut macht, bekommt eine Ahnung von der Ungeheuerlichkeit, die in Alaska Tag für Tag, Stunde für Stunde praktiziert wird.

---

[10] The Energy Grid and Harmonic 288: The Pulse of the Universe

[11] Bruce Cathie: Die Harmonie des Weltraums, Edition Neue Energien im Michaels Verlag, 86971 Peiting, 9/98 ISBN 3-89539-297-9

Womit wird diese Perversion gegenüber der Schöpfung begründet?

Offizielle Begründungen für das HAARP-Projekt sind erst einmal rein wissenschaftlich:

- Erforschung der Aurora
- Erforschung des Polarlichts
- Erdtomographien
- Überwachung der Einhaltung des Atomwaffensperrvertrages.

Mit diesem letzten Punkt stellt sich allerdings das HAARP-Projekt nun auch ganz offiziell in den Bereich der militärischen Projekte.

Genaugenommen ist das HAARP-Projekt das vielleicht wichtigste Glied im SDI-Programm der US-Strategen.

Was sind nun Erdtomographien?

Der Begriff Tomographie kommt aus der Medizin und bedeutet, daß man tiefer liegende Schichten bildlich sichtbar machen kann.

Erdtomographien sind also die Möglichkeit, etwas über den inneren Teil der Erde zu erfahren, über Hohlräume, Höhlen, Untergrundbasen, Tunnelsysteme, den Aufbau der Erde. An dieser Stelle verweisen wir auf zwei weiterführende Titel zu dem Thema:

1. Arktos - das Buch der Hohlen Erde[12]

---

[12] Joscelyn Godwin: Arktos - Die Hohle Erde
11/97, Edition Neue Perspektiven im Michaels Verlag,
86971 Peiting, ISBN 3-89539-287-1

2. Untergrund - Basen und Tunnelsysteme[13]

Warum verweisen wir so deutlich auf diese beiden Bücher? Nun, wir glauben, daß, was unter der Erde ist, zukünftig noch eine überaus wichtige Rolle spielen wird.

Daß nicht nur wir das so sehen, sondern auch der amerikanische Kongreß, zeigt, daß kein Aufschrei von kritischen Wissenschaftlern, kein Druck der immer größer werdenden Anti-Haarp-Allianz den Kongreß zum Einfrieren der staatlichen Gelder veranlassen konnte, sondern lediglich die Situation, daß die Projektleitung des HAARP-Projekts zuwenig für die Erdtomographien unternommen hatte.
Dieser Umstand veranlaßte den Kongreß, die finanziellen Mittel einzufrieren.

Was bedeutete das für das HAARP-Projekt?

Augenscheinlich nichts.
Die Sperrung aller Gelder 1994 führte nicht zum Abbruch des Projekts oder zu Verzögerungen. Der Ausbau ging ungebremst weiter. Ungenannte Geldgeber, die Rüstungsindustrie, untergeordnete Behörden und Universitäten finanzierten nach dem Stop der Regierungsgelder munter weiter.

---

[13] Richard Sauder, Untergrund - Basen und Tunnelsysteme erscheint 9/98, Edition Jonathan May im Michaels Verlag, 86971 Peiting,
ISBN 3-89539-254-5

Bei einem der Vorläuferprojekte, dem Montauk-Projekt, hatte das ja ebenfalls wunderbar funktioniert. Der Staat stoppt die Weiterentwicklung, das Projekt geht ungehindert weiter. Wetterexperimente, Gedankenkontrollexperimente, Experimente mit ELF-Wellen konnten ungehindert weiter praktiziert werden.[14]

---

[14]Montauk 1: Experimente mit der Zeit; Montauk 2: Abenteuer mit der Synchronizität; Montauk 3: Pyramiden von Montauk; Montauk 4: Interviews zum Montauk Projekt; Montauk 5: Die Schwarze Sonne; alle Edition Montauk im Michaels Verlag, 86971 Peiting

Was ist mit dem HAARP-Projekt alles möglich?

- Wetterkontrolle
- Bewußtseinskontrolle
- Entwicklung elektromagnetischer Waffen (Strahlenwaffen)
- Flächendeckender Stromausfall
- Unterbindung jeglichen Funkkontaktes (EMP)
- Erfassung und Vernichtung jeglicher Flugobjekte
- und eine gewaltige Anzahl weiterer Greueltaten bis hin zu der Gefahr der Polverschiebung

Der Physiker Richard Williams schreibt bereits im April 1988: *„Der Grundgedanke der Erfindung ist es, einen Radiowellenstrahl von enormer Intensität zu erzeugen..."*
Zu den gewünschten Ergebnissen der Erfindung gehören die *„Störung der Mikrowellenübertragung von Satelliten und die vollständige Störung der Nachrichtenverbindungen in großen Teilen der Welt."*
„Man denkt auch an die Wetterveränderungen, an das Abheben großer Teile der Atmosphäre und an das Abfangen von feindlichen Flugobjekten."
„Skybuster" - **Himmelszerschmetterer** nennt er diese Technologie.[15]

---

[15] Richard Williams in der renommierten Wissenschaftszeitschrift „Physics and Society"

Gael Crystal Flanagan, der seit vielen Jahren immer wieder zu den 10 wichtigsten Wissenschaftlern der Vereinigten Staaten gewählt wird und Erfinder des Neurophones ist, sagt:
„Aufgrund meiner eigenen wissenschaftlichen Arbeit ist mir die Gefahr, daß HAARP-Technologie mißbraucht werden könnte, um weltweit das Denken der Menschen zu kontrollieren, in hohem Maße bewußt."

Der Elektroingenieur und Biomediziner van Bise bringt es auf einen einfachen Nenner: „Das sind Selbstmörder", und

Elizabeth Rauscher, promovierte Hochenergiephysikerin spricht davon, daß die Erde und alles Leben auf ihr in Harmonien miteinander schwingen, daß diese Schwingungen gestört werden können, wörtlich: „Einige, der von Menschenhand erzeugten, elektromagnetischen Wellen könnten weltweit verheerende Folgen auslösen ..."

Mahner ganz besonderer Art sind das Ehepaar Walter und Leigh Richmond. Sie ist Anthropologin und Journalistin, er ein genialer Physiker und Schüler Nikola Teslas.
Das Ehepaar schrieb in den 60er Jahren einen Roman: *„Das verschollene Jahrtausend"*[16]
In diesem faszinierenden Werk beschreibt die Anthropologin den Untergang von Atlantis, der Physiker und Teslaschüler steuerte sein gewaltiges Wissen bei.
Er, der mit den Patenten Teslas zutiefst vertraut war, wußte, was mit dieser Technologie, so sie pervertiert würde, alles möglich war. Er beschreibt in dem Werk fast prophetisch die

---

[16] Das Verschollene Jahrtausend, Edition HAARP im Michaels Verlag, 86971 Peiting, 6/1998, ISBN 3-89539-292-8

technische Entwicklung, die schlußendlich im HAARP-Projekt ihren derzeitigen Höhepunkt hat.
Anschaulich wird der Leser mit äußerst komplizierten wissenschaftlichen Zusammenhängen vertraut gemacht, förmlich spielerisch wird der Leser an ein Thema herangeführt, das zu begreifen ihm von der rein wissenschaftlichen Seite äußerst schwer fallen würde. Die Technologie Teslas und ihre Weiterentwicklung führen zur großen Katastrophe - detailliert wird beschrieben, was alles möglich ist - Atlantis zerstörte sich aufgrund von Energieexperimenten selber.
Der Verlag schreibt über das Werk:
„Mit diesem Buch haben die Autoren ein Mahnmal gegen den Machbarkeitswahn geschaffen. Das Buch beschreibt und entlarvt die militärischen Aspekte des HAARP-Projekts, bevor das Projekt begann. Das düstere Szenario eines hochkarätigen Wissenschaftlers, der seiner moralischen Verantwortung folgte und aufzeigte, wohin eine Technologie führen kann/führt, bevor sie in Form des HAARP-Projekts Wirklichkeit wurde.
Heute gehören die Richmonds zu den aktiven HAARP-Kritikern.“

Von der Erdoberfläche zur Ionosphäre

Der Luftmantel um die Erde ist schichtweise aufgebaut. Wo diese Schichten jeweils enden, ist nicht genau zu definieren. Alle folgenden Kilometerangaben sind deshalb nur ca.-Angaben. Die letzte Schicht um die Erde, die Exosphäre hat mit zunehmender Entfernung zur Erde eine abnehmende Dichte, so daß der Übergang zum interplanetaren Raum fließend ist.
Ab welcher Höhe wir uns dort bewegen, ist nur ungefähr anzugeben, da es ja, wie bereits festgestellt, keine definierte Obergrenze unserer Atmosphäre gibt.

Die Erscheinungen der Dämmerung ergeben eine optische Wirksamkeit bis etwa 65 km Höhe; das Aufleuchten von Meteoren (Sternschnuppen) beginnt bei ca. 170 km; die höchsten sonnenbeschienenen Polarlichtstrahlen reichen bis 1100 km.

Hier nun der Aufbau unserer Atmosphäre:

0-8 km	Troposphäre in Polnähe
0-17 km	Troposphäre in Äquatornähe

Tropopause nennt man den Übergang zur Stratosphäre

10 - 50 km	Stratosphäre

Stratopause nennt man den Übergang zur Mesosphäre

50 - 80 km	Mesosphäre

Mesopause nennt man den Übergang zur Thermosphäre

80 - 500 km Thermosphäre

500- ??? km Exosphäre

Dies ist die Zuordnung der Atmosphäre nach Schichten aufgrund ihrer Entfernung zur Erde, die sich vor allem durch enorme Temperaturschwankungen unterscheiden.
Vom Erdboden bis zu einer Höhe von ca. 12.000 Metern nimmt die Temperatur durchschnittlich um 0,65 Grad Celsius pro 100 Meter ab, heißt pro km um 6,5 Grad, also bei 10 km um ca. 65 Grad, Wir haben also in der Tropopause eine Temperatur von ca. Minus 50 Grad Celsius.
Dort steigt dann die Temperatur wieder kontinuierlich an. In der Stratopause, in ca. 50 Km Höhe, haben wir dann wieder Temperaturen von ca. Plus 10-20 Grad Celsius.
In der Mesosphäre steigt die Temperatur weiter bis auf ca. 40 Grad an, um dann rapide abzufallen, so daß wir in der Mesopause, in ca. 80 km Höhe, Minus 80 Grad Celsius messen.
Aber an diesem Punkt dreht sich die Temperatur erneut und steigt und steigt und steigt auf ca. 1.000 Grad Celsius (tausend Grad plus, nicht hundert).
In der Thermosphäre, deren größte Höhe man mit ca. 500 Km angibt, werden kontinuierlich bereits in 200 Kilometern Höhe diese Plus 1.000 Grad Celsius gemessen. In der Exosphäre steigt die Temperatur dann bis auf weit über 1.000 Grad. Spätestens hier jedoch ist die Temperatur kaum mehr mit Temperaturbegriffen der kinetischen Gastheorie zu deuten, sie entspricht den thermischen Schwingungen der durch die Sonnenstrahlen angeregten ionisierten Teilchen.

Man kann die Erdschichten aber auch nach der Zusammensetzung der Luft unterscheiden.
Hier finden wir dann die Homosphäre und die Heterosphäre.
0 -100 km Homosphäre. Sie besteht aus: Stickstoff ca. 78,09 Vol.-%; Sauerstoff ca. 20,95 Vol.-%; Argon ca. 0,93 Vol.-%; Kohlendioxid ca. 0,03 Vol.-%; sowie zahlreichen Edelgasen, die jedoch nur in äußerst geringen Mengen vorhanden sind (Neon 18, Helium 5, Krypton 1, Xenon 0,08 Teile, ferner 0,5 Teile Wasserstoff und in wechselnden Mengen 0,01 bis 0,05 Teile Ozon auf 1Million Raumteile Luft). Bis in der Höhe von 20 km ist ein stark wechselnder Wasserdampf enthalten.

ab 100 km Heterosphäre

In 20 - 50 Kilometern Höhe wird dann das Ozon durch photochemische Prozesse durch die Ultraviolettstrahlungen der Sonne gebildet und reichert sich zunehmend an. Es absorbiert dabei das Ultraviolett, wobei eine erhebliche Erwärmung eintritt. Dies dürfte der Grund zum Anstieg der Temperatur von Minus 50 Grad Celsius auf bis zu Plus 20 Grad Celsius in der Stratopause sein.

Nun, soweit so gut, wo aber ist nun die Ionosphäre?

Wir haben den Aufbau der Erdschichten betrachtet nach Km, Wärmezonen und Luftzusammensetzung. Eine weitere Einteilung ist der Ionisierungszustand der Luft.
0-80 Km Neutrosphäre
80- ??? Ionosphäre.

Die Ionosphäre ragt weit in die Exosphäre hinein und verliert sich wie diese im interplanetaren Raum. Feststellbar ist sie noch in einer Höhe von 2.000 Kilometern.
Was ist ein ION?
Ionen sind kleinste Teilchen, Atome oder Atomgruppen, die infolge Verlust eigener oder durch Anlagerung fremder Elektronen positiv oder negativ geladen sind. Nimmt das Atom ein Elektron auf, so ist es negativ geladen, gibt es ein Elektron ab, so ist es positiv geladen. Selbstverständlich können auch Gasatome Ionen bilden, zum Beispiel durch Erhitzen auf hohe Temperaturen, durch Bestrahlung mit energiereichem Licht, z.B. UV-Licht (Ultraviolette Strahlen), oder durch Stoß kleinster, schneller Teilchen (Alphateilchen, Betastrahlen).
In der Thermosphäre, also in ca. 80 Kilometern Höhe, wirken all diese Vorgänge naturgemäß zusammen und bilden hier die Heaviside-Schicht. Ab da spricht man von der Ionosphäre.
Die Heaviside-Schicht ist der unterste Bereich der Ionosphäre und wurde nach dem schottischen Physiker Oliver Heaviside, einem Zeitgenossen Nikola Teslas, benannt. Sie bildet eine elektromagnetische Schicht, die rund um die Erde geht und die Fähigkeit hat, elektromagnetische Wellen, die von der Erde kommen, zu reflektieren. Dies ist die Grundvoraussetzung für den Funkverkehr.
Die Wissenschaft benötigt jedoch klarer umrissene Definitionen und unterteilt die Ionosphäre in verschiedene Schichten, genannt D, E, F1, F2 ...
Die D-Schicht umfaßt den Bereich 70-100 Km.; die E-Schicht 100-150 km; die F1-Schicht 150-250 km und die F2-Schicht 250 - 500 Km. Diese Unterteilung nimmt man, um die unterschiedlichen Ionisierungszustände der Luft zu bezeichnen.

Schauen wir uns doch mal den sensiblen Bereich zwischen 50 Km und 200 Km an.
Das Ozon absorbiert in 50 km Höhe das Ultraviolette Licht und setzt enorme Mengen Wärme frei. In 100 Km Höhe zerfallen die Sauerstoff-Moleküle in Atome. Etwas höher geschieht das gleiche mit dem Stickstoff, so daß die darüber liegenden Atmosphärenschichten überwiegend aus atomarem Sauerstoff und Stickstoff bestehen.
Kosmische Teilchenstrahlung geht auf die Erde nieder. Die elektrisch geladenen Teilchen orientieren sich an den Magnetfeldlinien der Erde, die an den Polen besonders dicht sind, und regen dort die Gasatome durch Stoßionisierung zum Eigenleuchten an. - das Nordlicht, oder Aurora/Polarlicht, oder wie es am Nordpol genannt wird: Aurora borealis.
Auch dieses Nordlicht entsteht in der Höhe zwischen 80 und 100 Kilometern.

So ist es dann auch nicht verwunderlich, daß die offizielle Begründung des HAARP-Projekts in der Erforschung des Polarlichts gefunden wird.
Das Polarlicht entsteht in der Ionosphäre.
Bestrahlt man nun Teile der Ionosphäre, greift man in die natürlichen Vorgänge ein. Künstliches Polarlicht kann erzeugt werden.
Alle Schichten der Atmosphäre bilden einen (oberflächlich betrachtet) gewaltigen Schutzschild.
Die verschiedenen kosmischen Strahlungen werden förmlich gefiltert auf ihrem Weg durch die Ionosphäre, die ihren Usprung ja erst durch die kosmische Strahlung erhält und durch die verschiedenen anderen atmosphärischen Schichten.

Nur ca. 27% der (kurzwelligen) Sonnenstrahlen erreichen direkt die Erdoberfläche. Die langwelligen Ausstrahlungen der Erde werden von den verschiedenen Schichten der Atmosphäre als Gegenstrahlung der Erde wieder zurückgeleitet.

Die Strahlungsbilanz ist die unumstößliche Grundlage für den Wärmehaushalt der Atmosphäre.
Sie wird in den wetterwirksamen Schichten der Troposphäre und der unteren Stratosphäre geheizt durch die langwelligen Strahlungen von der Erde. Die Kältequelle liegt in der Ausstrahlung der oberen Troposphäre. Die Atmosphäre wirkt somit wie eine gigantische Wärmekraftmaschine, die die Sonnenenergie in Druckunterschiede und damit in Bewegung umsetzt und so die Energien des Wetterablaufs und der großen Windsysteme (Passat, Monsum) liefert. Die täglich umgesetzten Energiemengen sind um viele Zehnerpotenzen größer als alle bisher verfügbaren irdischen Energiemengen. Ein einziger Tropenorkan liefert z.B. mit der beim Niederschlag frei werdenden Verdampfungswärme eine Energiemenge, die das 100.000fache der bisher genutzen Atomenergie übertrifft.
In der Troposphäre sind Stürme von 400 Stundenkilometern nicht selten, und seit 1993 weiß man von Strömen von Wasserdampf, die ca. 700 Kilometer breit sind und über 8.200 Kilometer lang sind, die einen Rhein oder eine Donau zierlich erscheinen lassen. Diese Ströme haben eine Fließgeschwindigkeit von 165.000 Tonnen Wasser pro Sekunde (das ist kein Druckfehler). Die gigantischen Ströme fließen vom Äquator Richtung Pole. Bisher hat man 10 dieser unvorstellbar großen Flüsse festgestellt - 5 auf der nördlichen und 5 auf der südlichen Halbkugel.

Dies soll nur ein Bild vermitteln, mit welchen Kräften wir es zu tun haben. Welche Möglichkeiten der Wettermanipulation wären hier gegeben, wenn man diese Ströme umleiten könnte?

Die gesamte Atmosphäre ist ein einzigartiges, ausgereiftes Gebilde, in dem allerdings kleinste Änderungen und Manipulationen enorme Ausmaße annehmen können. Wird die Ozonschicht zum Beispiel zerstört (Ozonlöcher), können hier Ultraviolette Strahlen ungehindert in größerem Rahmen auf die Erde, führt das zu einer erheblichen Zunahme an Krankheiten, allen voran der Krebs.

ELF-Wellen

Gefühls- und Bewußtseinsveränderungen bei Menschen durch Strahlen, durch elektromagnetische Wellen? Ist das nicht etwas weit hergeholt?

ELF-Wellen (Extrem Low Frequencies) erstrecken sich von 30 Hz bis etwa 30 Khz, sie gehören also dem Niedrigfrequenzbereich an, und sie sind, zusammen mit langsam gepulsten Wellen, von enormer Bedeutung für die

- Wettermanipulation
- Psychische Informationsübermittlung
- Veränderung physischer Vorgänge
- Navigations- und Nachrichten - Technik

Da ELF-Wellen in sehr vielen unterschiedlichen Bereichen eine bedeutende Rolle spielen, sollen hier nicht nur die rein physikalischen Vorgänge untersucht, sondern auch die mit ihnen verbundenen Aktivitäten in einigen Ländern kritisch betrachtet werden.

Im August 1977 !!! berichtete die *„Washington Post*[17]*"* erstmalig über einen kurz zuvor bekannt gewordenen Report der US-Abwehr-Organisation DIA (Defense Intelligence Agency), in dem über „Psychologische" Experimente der Sowjets berichtet wurde, bei denen an Versuchspersonen auf elektromagnetischem Weg Angstempfindungen in Verbindung mit Erstickungs-

---

[17] Washington Post, August 1977

und Schwindelgefühlen sowie solchen Empfindungen „wie nach einem Schlag auf den Kopf" hervorgerufen wurden.
Bewußtseins - Gedankenkontrolle (mind control) war das Schlagwort. Damals sorgten diese Schlagzeilen in Militär und Geheimdienstkreisen erheblich für Aufsehen und Wirbel.

In diesem Bericht der angesehenen „Washington Post" wurde auch von der Möglichkeit gesprochen, die sich aus solchen 'Beeinflussungsmethoden' auf amerikanisches oder westeuropäisches Personal, z.B. in Raketensilos, ergeben könnten. Die Beeinflussung sei, nach den Erfahrungen aus den bekanntgewordenen Experimenten, jederzeit über ***Fernseh-Signale !!!*** oder mit anderen Übertragungsmethoden möglich (wie zum Beispiel heutzutage durch die Mobilfunktechnologie für die Handys). Die Zeitschrift weiter: Außer den Sowjets hätten es auch die Tschechen in Versuchen zu aufsehenerregenden Ergebnissen mit sogenannten „Psychotronischen Geräten/Waffen" gebracht.

Lediglich einen Monat später, wurde dann ein weiterer Geheimdienstbericht der DIA[18] veröffentlicht. Ein Bericht der von dem *'Medizinischen Nachrichtendienst des US-Heeres - Sanitätswesen'"* verfaßt wurde. Nach der Veröffentlichung über die Washington Post im September 1977 legte der Geheimdienst seine Unterlagen am 7. März 1978 der amerikanischen Öffentlichkeit offiziell vor.
Darin heißt es auszugsweise: „Die Fortschritte in der psychischen Forschung der UDSSR könnten dazu führen, daß:

---

[18] Washington Post, September 1977: „Controlled Offensive Behavior - USSR" (Bewußt gesteuertes offensives Verhalten der UDSSR)

1. der Inhalt geheimer Dokumente, Truppen- und Waffen-Bewegungen, Details über militärische Installationen ... erkennbar würden.
2. der Mord bestimmter Personen durch Ferneinwirkung möglich wäre.
3. die direkte Beeinflussung ('disabling' = Funktionsstörung) von militärischen Einrichtungen jeglicher Art, einschließlich Raumfahrzeugen, durch Ferneinwirkung in den Bereich der Möglichkeiten rückt."

In dem besagten DIA-Papier werden auch Untersuchungsergebnisse und Feststellungen führender amerikanischer Wissenschaftler zu diesem Thema behandelt, die durchweg aufgrund ihrer Sachkenntnis voraussagten, daß die Sowjets bis zum Jahre 1987 in der Lage sein würden, menschliches Verhalten gezielt zu beeinflussen.
Aus einer Vielzahl von Versuchen in Rußland und in den Vereinigten Staaten weiß man heutzutage, daß dies den Wissenschaftlern - oder müßte man besser sagen: den Militärs oder den Geheimdiensten oder wem auch immer - längst gelungen ist.
So sickern aus Militärkreisen seit Jahren immer mehr Informationen bezüglich des Einsatzes amerikanischer Hubschrauber im Golfkrieg durch. Vielen Menschen werden die Bilder noch sehr lebendig vor Augen sein, als ein Hubschrauberverband mit „eigenartigen" Kästen über irakische Stellungen flog, keinen Schuß abgaben und anschließend Hunderte von irakischen Elitesoldaten mit erhobenen Händen den Kampf aufgaben und ihre Stellungen verließen.

Waren Millionen von Fernsehzuschauern Zeuge eines Einsatzes modernster elektromagnetischer Waffen? Wie hieß es aus dem Geheimdienstbericht: „... *bei denen an Versuchspersonen auf elektromagnetischem Weg Angstempfindungen in Verbindung mit Erstickungs- und Schwindelgefühlen sowie solchen Empfindungen „ wie nach einem Schlag auf den Kopf" hervorgerufen wurden.*"
Psychotronische Waffen im Ernstfalltest, oder waren und sind die elektromagnetischen Waffen längst getestet? Vielleicht bei der einheimischen Bevölkerung? Undenkbar? Wirklich undenkbar, wenn wir an die Begeisterung der Menschenmassen denken, die jeden Einsatz der US-Streitkräfte im Golfkrieg bejubelten, als handelte es sich um ein Baseballspiel.
Den „Heiligen Krieg der Ayatollas" kannten wir ja bereits schon, und der ist nur möglich, weil ein Teil der islamischen Krieger „gehirngewaschen" ist. Der „Gerechte Krieg" der USA aber war in der Art und Weise neu. Ein Volk sah sich im Recht und in der moralischen Verpflichtung und schrie nach Blut.
Für uns Europäer wirkte so manch kriegshetzerische Rede von Teilen der US-Bevölkerung absolut unverständlich. Wie konnte ein Volk so eingeschworen werden?
Die Probleme der US-Soldaten, Jahre nach dem Krieg, und ihre verkrüppelten Kinder, die sie zeugten, wurden erst irgendwelchen grausigen irakischen Geheimwaffen zugeschrieben, die man während des Krieges nicht bemerkte und jetzt erst die Folgen davon spüren würde. Später dann, als sich das nun wirklich nicht mehr behaupten ließ, verlegte man sich auf die folgende Aussage: Der „Cocktail", den die Soldaten nehmen mußten, um gegen ABC-Angriffe geschützt zu sein, hätte die Erbgutveränderungen bei den Kindern hervorgerufen. Grausig genug, wenn es so wäre. Hierbei handelt es sich um denselben „Cocktail",

den auch deutsche Soldaten trinken müssen, alleine schon bei NATO-Übungen - nur hier und auch all die Jahre vorher in der USA sind diese Veränderungen nicht vorgekommen.[19]
Der Stand der technischen Entwicklung, die Hubschrauber mit ihren „Kästen“, das Verhalten der Elitesoldaten passen als Puzzleteilchen genau zusammen und leider, so muß man feststellen, auch die verkrüppelten, amerikanischen Neugeborenen. Elektromagnetische Wellen haben einen Einfluß auf unseren kompletten Organismus, auf unser Denken, unsere Nerven bis hin zu unseren Genen. Alles ist in einer bestimmten Schwingung, und alles kommuniziert miteinander.[20] Wenn hier massive elektro-magnetische Wellen zwischenfunken und die auf eine körpernahe/gleiche Frequenz treffen, kommt es zu Fehlkontakten. Diese können gewollt oder ungewollt auftreten. Inzwischen wird diese Methode zunehmend auch im medizinischen Bereich eingesetzt - das heißt, die Bandbreite der Manipulation ist groß, man kann heilen - man kann schaden - man kann töten (siehe hierzu das Kapitel: Medizinische Ansätze).

Doch ich greife erheblich vor, zurück zum Jahre 1978.
Im März 1978 gelangte noch ein weiterer DIA-Bericht an die Öffentlichkeit. Darin ist von den erwähnten tschechischen „Psychotronischen Generatoren“ die Rede, mit denen man in der Lage sei, gedankliche Energien zu speichern und - in Sekundenbruchteilen - wieder freizusetzen. Mit solchen psychotronischen Experimenten wurden z.B. Insekten auf der Stelle getötet.

---

[19] eigene Aufzeichnung aus einem Gespräch mit einem NATO Offizier
[20] Bischof, Das Licht der Biophotonen, 2001 Verlag, Frankfurt a.M.

Zu dem Thema „Speichern/Verstärken von menschlichen Gedanken-Energien“ sei auf das Montauk-Projekt auf Long Island verwiesen, welches man in weiten Bereichen als einen Vorläufer des HAARP-Projekts bezeichnen kann. Im Gegensatz zum HAARP-Projekt wurden die technischen Entwicklungen innerhalb des Geheimprojektes 'Montauk'[21] von der Regierung nie bestätigt.

In dem DIA Bericht von 1978 heißt es weiterhin, daß die Generator-Technologie einer weiteren Verbesserung !!! bedarf, damit die gleiche Wirkung, wie sie bei Insekten vorgeführt werden kann, auch beim Menschen erreichbar sei. Dies sei durch eine momentane Unterbrechung des Rhythmus der Gehirnströme, der Herzkontrolle oder anderer biologischer Mechanismen durchaus möglich, also alles Funktionen, die im Zusammenhang mit den elektro-magnetischen Eigenschaften der ELF-Frequenzen stehen.

Achtung, nun wird es für den Laien eventuell erst einmal etwas irritierend, die wissenschaftliche Erklärung aber folgt auf dem Fuße.

Auch soll es den Sowjets gelungen sein, mittels „Telepathie“ bei Menschenversuchen die Zahl der weißen Blutkörperchen drastisch zu verändern. Da diese aber einen der wesentlichsten Schutzmechanismen gegenüber Krankheiten darstellen, kann

---

[21] Montauk 1: Experimente mit der Zeit; Montauk 2: Abenteuer mit der Synchronizität; Montauk 3: Pyramiden von Montauk; Montauk 4: Interviews zum Montauk Projekt; Montauk 5: Die Schwarze Sonne; alle Edition Montauk im Michaels Verlag, 86971 Peiting

eine Veränderung der entsprechenden Werte enorme gesundheitliche Schäden auslösen.
Im Gegensatz zum Westen, wo in weiten Kreisen der vermeintlich aufgeklärten Intelligenz, die Telepathie noch als Aberglauben abgetan wird, beschäftigt sich die Forschung in der Sowjetunion sachlich mit diesem Forschungsfeld, und zwar auf streng wissenschaftlicher Grundlage.
Die brisanten Forschungen werden von der Abteilung „BIO-INFORMATION" an der „ A.S.Popov Wissenschaftlichen und Technischen Gesellschaft für Radio-Technologie und Elektrische Kommunikation" durchgeführt.

Der vielleicht bedeutendste sowjetische Wissenschaftler, der den 'Elektro-Magnetismus als die wesentliche Grundlage für telepathische Übermittlungsverfahren' bezeichnete, ist der international renommierte Physik-Professor Dr. I.M.Kogan.

Doch ist er bei weitem nicht alleine. „Es ist die Creme der Physiker weltweit", so der deutsche Diplomingenieur Wilfried Hacheney, „die sich mit der Bio-Physik beschäftigt". An dieser Stelle sei noch auf zwei russische Kollegen von Prof. Kogan hingewiesen.
Es handelt sich hierbei zunächst um Prof. Dr. E Naumov, vielleicht der bekannteste Forscher im Bereich Elektromagnetismus und Telepathie. Seine Arbeiten in der „Wissenschaftlichen und Technischen Gesellschaft für Konstruktion von (Meß-) Instrumenten" haben für erhebliches Aufsehen in Fachkreisen geführt. Der dritte russische Wissenschaftler, der hier genannt werden sollte, ist der Präsident der „Vereinigung sowjetischer Ingenieure". Sein Name ist Pavel Ochtechepkov, und er zählt zu den Pionieren der Radartechnik.

Der russische Bio-Physiker und Bio-Energieforscher Dr. V. Inyushin sagt zum Beispiel:
„Ich komme daher zu dem Schluß, daß im lebenden Organismus ein integrales System von Elementarteilchen vorhanden ist und daß dieses ein wesentlicher Faktor aller bio-dynamischen Beziehungen innerhalb des Organismus ist. Man kann ein solches System von Elementarteilchen auch als 'Biologisches Plasma' bezeichnen ...
Aus diesem Grund müssen auch Elektronen in erheblichem Umfang biologisches Plasma enthalten.
Demzufolge dürften auch elektrische und magnetische Kräfte in einem 'Umfeld' die Struktur eines solchen Plasmas beeinflussen."[22]

Um das Ganze auf einen ganz einfachen Nenner zu bringen: Der Mensch kann also jederzeit und an jedem Ort durch elektromagnetische Wellen beeinflußt werden. Dies muß nicht immer eine Schädigung sein.
Fast alle Versuche diesbezüglich finden im ELF-Bereich statt.

Nun soll man aber nicht annehmen, daß nur die russischen Wissenschaftler im Bereich Elektro-Magnetische-Strahlen-Waffen oder mit anderem Namen „Psychotronische Waffen" experimentiert hätten. Wie sonst könnten auch Geheimdienstkreise von einem Einsatz Psychotronischer Waffen im Golfkrieg ausgehen?

Forschungen im Bereich Psychotronischer Waffen, Elektro-Magnetischer Wellen, „Strahlenwaffen", der Skalar -

---

[22] Dick/Gries: „The New Soviet Psychic Discoveries" 1978

Technologie, um das gesamte Umfeld zu umreißen, gibt es sehr, sehr viele.

Hier seien nur einige wenige Wissenschaftler genannt: Tom Bearden: Er ist bekannt geworden durch seine publizierten Forschungsergebnisse, in denen er erstmalig in aller Deutlichkeit und Klarheit die Möglichkeiten der „Bio-Physik" für den militärischen Bereich darstellt.[23]

Oder Bernard J. Eastlund, Peter Koert, Professor Robert Kincheloe von der Stanford University, Prof. T.H. Boyer, Richard Becke und die Laser-Physiker Targ und Puthoff vom Stanford Research Institute.

Gerade die beiden letztgenannten erklären definitiv, daß die telepathischen Phänomene durchaus im Einklang mit den modernen Gesetzen der Physik stünden. Wobei beide nochmal deutlich herausstellen, daß die Forschung im Bereich Psychotronischer Waffen nur ein Teil der wissenschaftlichen Arbeit darstellt, die sich mit der Wechselwirkung elektro-magnetischer Felder und dem lebenden Organismus befaßt.

---

[23] Bearden, Skalar Technologie, Psychotronische Waffen, Biophysik, 9/98, Edition Neue Energien im Michaels Verlag, 86971 Peiting, ISBN 3-89539-250-2

ELF allein genügt nicht

Alle Berichte über die Manipulation zum Beispiel von Menschen durch ELF-Wellen gehören aus physikalischer Sicht nochmal konkretisiert.
Die ELF-Wellen haben eine Frequenz von 3 Hz bis 30 KHz und eine Wellenlänge von 10 km bis 100.000 km. Die normale Stabantenne müßte mehrere Kilometer groß sein, um in normaler Atmosphäre empfangen oder senden zu können. Sie sind deshalb zuerst für den Unterwasserfunk einsetzbar.
Eine Bündelung wie beim Richtfunk oder Radar, so daß eine Manipulation beim Menschen möglich wäre, ist nicht machbar. Dafür steht der menschliche Organismus mit seinen auf Zentimeter begrenzten Abmessungen resonanzfähigen Empfangsantennen nicht zur Verfügung.
Ja, was soll denn das? Da lesen Sie gerade Seite um Seite von den Möglichkeiten der Manipulation durch ELF-Wellen, und jetzt so etwas. Aber leider ist Bewußtseinskontrolle doch möglich.
Physikalisch betrachtet ist es nicht möglich, da die Sender und die Empfänger nicht die Grundlage für eine Resonanzanpassung bieten. Aber die Manipulation geht anders vonstatten.
Wie beim Rundfunk und beim Fernsehen, wie beim Mobilfunk und beim Radar benötigt man zuerst eine Welle mit hoher Frequenz im Mega- oder Gigahertzbereich. Diese Frequenz wird Trägerfrequenz genannt, weil sie etwas transportiert, und zwar werden ihr Signale aufmoduliert. Die Wellen-Berge oder -Täler werden hier verstärkt oder geschwächt. Es sind dann die aufmodulierten Signale, die wir als Töne im Radio und aus dem Handy oder als Bilder im Fernsehen aufnehmen können.

Zur Verdeutlichung, um mit möglichst kleinem Empfänger (z.B. im Zentimeterbereich) arbeiten zu können, benötigen wir eine hochfrequente Trägerwelle. Hat sie erstmal ihre Information aufmoduliert bekommen, wird sie kurz hinter der Empfangsantenne unterdrückt. Im Verstärker ist dann nur noch das niederfrequente Signal enthalten.

Soweit so gut, aber wie kann dann der Mensch manipuliert werden? Auch das ist erklärbar - auch wenn es nicht ganz leicht ist.
Es gibt beim Menschen eine hundertprozentige Analogie zu dem, was wir gerade technisch beschrieben haben.
Von den ca. hundert Milliarden Nervenzellen allein in unserem Gehirn treten sagen wir mal einige tausend in Resonanz mit den künstlich erzeugten Zentimeterwellen, fast automatisch erfolgt die Unterdrückung der hochfrequenten Trägerwelle. Um die Zellmembrane zu überwinden, benutzen Lebewesen elektromechanische Vorgänge, wozu Kalium- und Natrium-Ionen benötigt werden. Und genau dabei wird, wie bei der Demodulation im technischen Bereich, die Trägerfrequenz unterdrückt. Was bleibt, sind die aufmodulierten Signale z.B. im niederfrequenten ELF-Bereich. Der niederfrequente ELF-Bereich mit seinen 3 Hz bis 30 KHz liegt genau in dem Bereich, in dem das menschliche Gehirn, die **menschlichen Nerven, ja, der ganze menschliche Organismus arbeiten**.
Hunger, Durst, Müdigkeit, Traurigkeit, Schmerzen, Angst, Übelkeit und und und - einfach all das, was in unser Wachbewußtsein kommt, also alles, was wir bewußt erleben, wird über Informationsweitergabe unserem Gehirn zugeleitet. Diese Informationsweitergabe erfolgt über unser Nervensystem per elektromagnetischen Impulsen.

Diese Impulse stören heißt, unsere Informationsweitergabe zu stören, diese Impulse durch andere zu ersetzen, zu ergänzen, heißt, den Menschen zu manipulieren. Hierzu ist HAARP in der Lage.

Rußlands Technologie

Viele Jahre vor dem Golfkrieg und auch Jahre vor dem offiziellen Beginn des HAARP-Projekts haben sowjetische Wissenschaftler ihre Experimente weltweit durchgeführt. Bereits 1976 schickten sie niedrigfrequente Signale quer über den Erdball.
Im Dezember 1976 wurden im Westen aus der UDSSR kommende, niedrigfrequente Pulse auf 4 Mhz registriert, die weltweit den zivilen, wie aber auch den militärischen Nachrichtenverkehr störten.
Diese Störsignale wurden unter dem Begriff „Russian Woodpecker" (Specht) bekannt.
Führende westliche Industrienationen legten gegen diese niedrigfrequenten Pulse bei der International Telecommunications Union (ITU) in Genf Beschwerde ein.

Interessant war die Feststellung der kanadischen Regierung, daß die Signale viele tausend Kilometer östlich von Kanada ihren Ursprung hatten und daß die gleichen Signale in gleicher Qualität und Intensität lediglich einige wenige Millisekunden später aus der genau entgegengesetzten Richtung ankamen. Mit anderen Worten: Die Signale waren genau von der anderen Seite her um die Erde geschickt worden.
Als Quelle für die Ausstrahlung wurde schnell ein Ort in Sibirien ausgemacht: Semipalatinsk. Neben Angarsk (Nähe Baikalsee) ist Semipalatinsk eines der bedeutendsten Testzentren für Strahlenforschung der damaligen Sowjetunion.

Der Wissenschaftsjournalist Ira Einhorn verwies bereits vor über 20 Jahren auf die genaue Übereinstimmung der sowjetischen „Woodpecker"-Pulse mit denen der „Alpha-Gehirnstrom-Frequenzen" des Menschen. Die amerikanische Botschaft wurde über viele Jahre mit elektromagnetischen Wellen bestrahlt, die Mitarbeiter, die davon betroffen waren und die inzwischen gestorben sind, starben alle an Krebs.

Es gibt ernstzunehmende Wissenschaftler, die den Kritikern des HAARP-Projektes folgendes vorwerfen: Ja, HAARP ist eine hochentwickelte Strahlenwaffe. Ja, mit HAARP kann man Wetter beeinflussen. Ja, mit HAARP kann man Gedanken und Gefühle kontrollieren, aber - dafür ist nicht eine solch riesige Anlage nötig. Es gibt ernstzunehmende Wissenschaftler, die die Möglichkeit der Technologie nicht anzweifeln, aber die davon ausgehen, daß es längst wesentlich kleinere Strahlenwaffen gibt und so ein Koloß dafür gar nicht notwendig wäre. Solch ein Wissenschaftler ist Vassilatos.[24] Er geht davon aus, daß HAARP ein viel gigantischeres, nicht weniger gewagtes Projekt ist, wie die Betreiber und ein großer Teil der Kritiker behaupten (siehe hierzu seine eigenen Kapitel später im Buch). Daß man längst wesentlich kleinere Strahlenwaffen zur Manipulation des Menschen entwickelt hat, ist kein Geheimnis mehr. Auch hier sind wieder Informationen über den Stand der russischen Technologie umfangreicher als über die der Amerikaner.

Das von den sowjetischen Wissenschaftlern gebaute Gerät eines „Mini-Woodpeckers" ist das sogenannte „Lida"-Gerät.

Das „Lida"-Gerät arbeitet auf 40 Mhz. Das Gerät wird in Rußland u.a. medizinisch verwendet, um Patienten „ruhig" zu stellen. Die Ruhigstellung durch elektromagnetische Wellen verhindert die unerwünschten Nebenwirkungen, die bei starken Tranquilizern auftreten. Die gepulsten Radiowellen des Lida re-

---

[24] Vassilatos: „HAARP ist mehr", Edition HAARP im Michaels Verlag, 86971 Peiting, 9/98, ISBN 3-89539258-8

gen die elektromagnetischen Gehirnströme beim Menschen an und rufen einen tranceähnlichen Zustand hervor.
Langfristige Untersuchungen, wie gepulste elektromagnetische Wellen auf den Menschen wirken, liegen bisher nicht vor. Es ist nicht absehbar, daß in den nächsten Jahren hierüber eine brauchbare wissenschaftliche Studie erstellt wird, da sonst die gesamten Mobilfunkbetreiber, aber auch Fernseh- und Radiosender, erhebliche Schwierigkeiten bekommen würden. Vergleichen Sie hierzu die am Anfang des Buches genannten zulässigen Mikrotesla in Schweden und in Deutschland.
Das Waldsterben, so kann man feststellen, steht in direktem Zusammenhang mit der Ausbreitung von Zentimeterwellen, Richtfunk- und Radarsystemen. Seit der Einführung der digitalgepulsten Richtfunktechnik begannen nachweislich neben den Nadelbäumen verstärkt auch die Laubbäume mit ihren für Breitbandempfang dimensionierten Blattrippen zu sterben. Wie sehr die konstante und zunehmende Bestrahlung beim Menschen wirkt, zeigt eine Statistik der AOK zwischen 1975 und 1985: Eine ganze Anzahl von Erkrankungen sind über 180% angestiegen, insbesondere bei Erkrankungen der Psyche und des Gemüts, aber auch besonders Allergieerkrankungen und Erkrankungen des Immunsystems haben einen epidemieähnlichen Verlauf.
Dr. Ross Adey (Leiter der Forschungsabteilung am Pettis Memorial Veterans Hospital in Loma Linda/Kalifornien, USA) war wiederum der erste amerikanische Wissenschaftler, der das russische Lida-Gerät ausführlichen Tests unterziehen konnte.
Adey mußte die Wirksamkeit bestätigen. Er war mit dem handlichen Gerät in der Lage, Patienten zu beruhigen und sie innerhalb kürzester Zeit in Trance zu versetzen.

Es war eben auch dieser Dr. Adey, der erklärte: Die Sowjetunion benutzt inzwischen starke niederfrequente Impuls-Sender (Strahlenwaffen), um „nichtoperative Ferneingriffe in die Gehirnstruktur vorzunehmen".
Dies kann geschehen, um das Verhalten Einzelner oder ganzer Gruppen wie zum Beispiel an Arbeitsplätzen, in Klassenräumen, in Stadien, bei Konzerten, bei Demonstrationen und Versammlungen zu beeinflussen.
Adey endet seinen ausführlichen Bericht mit der Einschätzung, das Lida-Gerät wäre ein Vorläufer der „Woodpecker"-Signale. Ob dies so ist, wissen wir nicht, genausogut kann es als eine Art Weiterentwicklung gesehen werden. Was wir aber wissen, egal ob Lida-Gerät oder „Woodpecker"-Signale der Russen, beides sind technische Vorläufer des gigantomanischen HAARP-Projekts.

Was hat HAARP mit Nikola Tesla zu tun?

Bisher wurde Nikola Tesla, gewollt oder ungewollt, unterdrückt und fast vergessen.
Er war vielleicht der Wissenschaftler, der das Gesicht der Welt am weitesten veränderte. Sei es seine Arbeit mit Thomas Edison, sei es seine Arbeit bei der Erfindung des Radios, seien es seine zahlreichen medizinischen Patente (u.a. Wärmestrombehandlung), seien es seine Erfindungen zum Thema drahtlose Informationsübermittlung wie auch seine Beteiligung am Philadelphia-Experiment, (Anti-Radar-Experiment und Vorläufer des Montauk-Projekts).
Ohne ihn wäre das Montauk-Projekt nicht möglich gewesen.

Der spektakulärste Bereich seiner Erfindungen wird mit den folgenden Begriffen verbunden: Tachyonen-Energie, Freie Energie und natürlich die TESLA-TODESSTRAHLEN. Nach seinem Tod wurden enorm viele Unterlagen vernichtet. Seit einigen Jahren gibt es jedoch mehr und mehr Nachfragen und auch vereinzelte Informationen über Tesla.
Das HAARP-Projekt wäre ohne Tesla nicht denkbar. Die zwölf uns vorliegenden Grundlagenpatente für das HAARP-Projekt basieren auf Tesla-Erfindungen.
Die modernste Technologie am Ende dieses Jahrhunderts findet ihre Grundlagen in den Patenten Nikola Teslas. Bis vor kurzem gab es nur Sekundärliteratur über den genialen Erfinder.

Alle möglichen spektakulären Erfindungen und Aussagen wurden ihm zugeschrieben. Seit Herbst 97 gibt es jedoch eine sechsbändige Leinenausgabe von Original-Teslatexten, Patente, Artikel, Vorträge, Briefe, Zeichnungen.[25]

Dieses Werk legt in einzigartiger Weise Zeugnis ab, für die Genialität und gleichzeitig für die Einfachheit dieses Erfinders. Es führt uns zu einem tieferen Verständnis, was heute möglich ist.
Er, der an der Entwicklung der Glühbirne, des Radios, des Wechselstroms maßgeblich beteiligt war, präsentierte bereits vor ca. hundert Jahren sein erstes ferngesteuertes Boot. Anfang dieses Jahrhunderts ließ er sich seine Entdeckung über die „Drahtlose Energieübertragung" patentieren.[26]

HAARP wäre ohne Tesla nicht denkbar, vielleicht finden wir in dem Tesla-Werk auch die Antwort auf HAARP.

Es war wieder einmal der Fachjournalist Ira Einhorn, der, wie wir schon schrieben, als erster auf die Parallele „Woodpecker" und „Alpha Gehirnstrom-Frequenz" des Menschen hinwies. Er war es auch, der feststellte, daß die Signale bei dem russischen Lida-Gerät die gleiche Charakteristik aufweisen wie die von Nikola Tesla (1856-1943) beschriebenen Experimente der „Gehirnkontrolle".

Einige der unzähligen Entdeckungen Nikola Teslas waren: das „rotierende Magnetfeld-Prinzip", das Prinzip der drahtlosen

---

[25]: Nikola Tesla: Seine Werke ISBN 3-89539-247-2, erschienen in der Edition Tesla, c/o Michaels Verlag, 86971 Peiting
[26] Nikola Tesla, Energieübertragung, Edition Nikola Tesla c/o Michaels Verlag, 86971 Peiting, ISBN 3-89539-243-X

Energieübertragung, diverse Systeme der Funksteuerung, Telegraphie und der Hochfrequenz-Transformatorspule.
Im Anhang dieses Buches finden sie einen ausführliches Kapitel zur Drahtlosen Energieübertragung dieses genialen Erfinders. Ohne seine Entdeckungen wäre HAARP nicht denkbar.

Tesla vertrat die Ansicht, daß zwischen der Erdoberfläche und der Mesosphäre, also zwischen 25 und 85 km Höhe, ein Energiepotential vorhanden sei, das schier unerschöpflich und mit nichts zu vergleichen sei.
Für Tesla war es bereits eine Selbstverständlichkeit, daß man die Energie, die rund um unseren Globus in ungeheurem Ausmaß vorhanden ist, durch das Bestrahlen mit bestimmten Frequenzen in Schwingung versetzen kann. Diese in Bewegung versetzten Energieströme lassen sich steuern und lenken, und somit hat man Zugang zu einem unermeßlichen Energiepotential.[27]
Und genau das ist es, was mit dem HAARP-Projekt ebenfalls praktiziert wird. Der Wissenschaftler Vassilatos geht hierauf in seinem 1998 in deutscher Sprache erscheinenden Buch „HAARP - ist mehr“ sehr ausführlich ein.

Nach Tesla ist mit dieser Technologie aber nicht nur eine Nutzbarmachung unbegrenzt erscheinender Energie möglich, sondern auch das Manipulieren des Wetters.
Werden die positiv und negativ geladenen Teilchen in der Ionosphäre geändert, so ändert sich das Wetter, denn es sind gerade die Ladungen dieser Teilchen, die den wetterbestimmenden Jet-Luftstrom erzeugen. Wer die Ionosphäre verändert, verän-

---

[27] Stan Deyo, Die kosmische Verschwörung, Edition Pandora, 86971 Peiting, 1997, ISBN 3-89539-281-2

dert das Wetter, wer die dort innewohnende Energie zum Schwingen bringen kann, kann die „Luftströme“ und ihren Lauf verändern. Wer die Ionosphäre aufheizt, macht sich selbst zum Wettergott oder besser gesagt zum Wetterexperimentator.

Mind Control

Wie bereits beschrieben, war es der Amerikaner Ira Einhorn, der erstmalig auf die Übereinstimmung der russischen „Woodpecker“-Signale mit denen der „Alpha-Gehirnstrom-Frequenzen“ des Menschen hingewiesen hatte.

In seiner Folge waren es Sheppard und Eisenbud die sehr deutlich ausführten, daß es einen direkten Zusammenhang gibt zwischen ELF-Magnetfeldern und dem ‘Calcium-Ion-Gleichgewicht der Gehirnzellen’. Der Zusammenhang ließ sich auf den unterschiedlichen Frequenzen zwischen 6 und 20 Hz nachweisen.[28]
Es ist also wissenschaftlich völlig unumstritten, daß schwache elektromagnetische Felder in der Lage sind, neurophysiologische Störungen oder auch Verhaltensänderungen hervorzurufen.

Bowart legt in seinem Werk[29] überzeugend dar, daß auch Infra-Schall (VLF sound) mit einem peak-Wert von 7 Hertz zu erheblichen Veränderungen der Gehirnfunktionen führen kann.
Bowart belegt die Tatsache, daß zwischen der Ionosphäre und der Erdoberfläche eine ganz natürliche „Transmissions-Schiene“ vorhanden ist, die zur Übertragung von niedrigfrequenten Strahlungen genutzt werden kann.

---

[28] „Biological Effects Of Electric and Magnetic Fields Of Extremely Low Frequencies“ (New York, 1979)
[29] Bowart, Operation Mind Control

Bruce Cathie wiederum führt die Leser in seinem Buch „Harmonie des Weltraums“[30] in die Mathematik des Weltgitternetzes ein und zeigt die Verbindungen zwischen den menschlichen Gehirnwellen, der Erde, der Ionosphäre und der Schwerkraft auf. In dem Werk finden wir anschauliche Tafeln, die die harmonischen Beziehungen zwischen dem Erdmagnetfeld, der Lichtgeschwindigkeit und der Antigravitation aufzeigen.
Es ist dann wieder Bowart, der sehr ausführlich auf die Beeinflussung der „Alpha-Wellen-Gehirnströme“ beim Menschen eingeht und der auf die möglichen positiven und negativen Effekte hinweist. Dies ist möglich, da die Alpha-Wellen (8-12 Hz) sich als ideale Träger für niedrigfrequente Schallwellen eignen. Diese Langwellen sind so gut wie nicht feststellbar.

Das US-Pentagon hat bereits vor einigen Jahren auf die Möglichkeit einer Fremdbeeinflussung der Bevölkerung durch diese Wellen in Kriegszeiten hingewiesen.

In dem Kapitel ELF-Wellen bin ich ja bereits ausführlich auf den Bereich Mind Control eingegangen.

Nun möchte ich auf das eingehen, was „im Kleinen“ möglich geworden ist.

Die Manipulation von Menschen ist eine Kleinigkeit geworden. So wie es Menschen Spaß macht, den Zugangscode einer fremden Computeranlage zu knacken, um eine Verbindung aufzubauen, Informationen zu entnehmen oder Informationen zu

---

[30] Bruce Cathie, Harmonie des Weltraums, erscheint 9/98 in der Edition Neue Energien im Michales Verlag, 86971 Peiting, ISBN 3-89539-297-9

geben, genauso kann es Menschen geben, die ihren Spaß daran haben, andere biophysikalische Organismen fremdzusteuern.
Wie wir gesehen haben, ist das über modulierte ELF-Wellen sehr gut möglich. Welcher technischer Vorraussetzungen bedarf es dafür?
Nun, für jemand, der Ahnung hat von Funkgeräten, ist es eine Kleinigkeit, sich mit der ELF - Technik vertraut zu machen.
Geräte mit ca. 10 GHz, das entspricht ca. 3 cm Wellenlänge, gibt es zum Selberbauen mit der dazugehörigen Bauanleitung für Sender und Empfänger. Die Angebote finden Sie in fast allen Fachzeitschriften.
So ein Zentimeterwellensender und zwar mit allen nur irgendwie denkbaren Möglichkeiten, um ELF-Signale zu modulieren, ist für einige hundert Mark leicht zu bekommen. Der notwendige Niedrigfrequenzgenerator stellt in der Regel kein Problem dar. Und dann ist es soweit, man kann spielen. Erst versuche ich, der Katze, dem Hund oder dem Wellensittich Impulse zu geben, später dann dem Ehepartner. An Testpersonen wird es keinen Mangel geben, denn sie müssen nicht gefragt werden.
Der Phantasie sind keine Grenzen gesetzt: Bekomme ich den oder die ins Bett? Kann ich bei einem Schachspiel eingreifen, bei einem Tennismatch? Kann ich mir selber Impulse für eine Halluzination geben, ohne eine chemiche Droge genommen zu haben? Und der Nachbar oder der Chef, mit dem ich mich eh im „Krieg“ befinde, kann gut mal einen Kopfschmerzschub gebrauchen, vielleicht kann ich ja dann gleich mit ihm meine Angelegenheit klären, wenn er sich nicht so gut konzentrieren kann.
Das, was die Armee versucht, das kann man im „Kleinen“ ebenfalls antesten.

Mit dieser Art der „Biophysikalischen Magie“ werden flugs neue Realitäten geschaffen. Nur ein böser Traum oder längst Realität gewordener Wahnsinn?
Wir müssen nach all den uns vorliegenden Unterlagen davon ausgehen, daß mit dem Erkennen, was mit modulierten ELF-Wellen möglich geworden ist, der Manipulation Tür und Tor geöffnet wurde.
Vielleicht ist aber auch schon die Angst vor der Möglichkeit der Manipulation eine große Gefahr. Was soll ich glauben bei Gefühlsschwankungen, bei meinen plötzlich auftretenen Kopfschmerzen... ?
Sie sehen, die Büchse der Pandora wurde bereits geöffnet.
Zentimeter-ELF-Wellentechnik muß verboten und weltweit geächtet werden. Die Gesetzgeber verschlafen diesen Bereich völlig. Warum schauen sie weg? Wem nützt es, daß hier in dem Bereich nichts passiert?

Elektromagnetische Waffen

Die Biophysik eines T.E. Bearden und seine Aufzeichnungen bezüglich der „Scalar-Technologie“ sind hier zu nennen. Bearden verdanken wir einen tiefen Einblick in die Entwicklung von elektromagnetischen Strahlenwaffen[31].

Er war einer der ersten, der bereits in den 80er Jahren sowjetische Experimente mit dieser Technologie dokumentierte:

„Man beachte, daß eine „kalte Explosion“ mit über 240 km Durchmesser eine Interferenz-Zone von etwa der Größe der Zentralregion des westeuropäischen Kriegsschauplatzes repräsentiert. Ein einziger Schuß aus einer solchen Waffe kann in allerkürzester Zeit nahezu alle NATO-Soldaten in diesem Gebiet in einen Eisblock verwandeln. Beachte, daß die Wärmeenergie mit Hilfe der Raum-Zeit aus dem Gebiet abgezogen worden ist. Wärmeisolation oder äußere Wärmequellen bieten keine Abwehr. Die Wärme ist buchstäblich aus dem Inneren der Körper in die umgebende Interferenzzone „abgesaugt“ worden. Natürlich kann derselbe Interferometer auch zur „Energieproduktion“ eingesetzt werden, wodurch er fast alle elektronischen Einrichtungen im Zielgebiet stören oder zerstören und explosives Material zur Detonation bringen kann.“

(Das Fehlen des Hinweises bei Bearden, daß neben den NATO-Soldaten zig-Millionen Zivilisten und Millionen und Abermillionen anderer Lebewesen in Mitteleuropa in Tiefgefrier-

---

[31] Bearden, „Gravitobiology - A New Biophysics“ in deutscher Sprache: Skalar Technologie, Psychotronische Waffe, Biophysik, erscheint 9/98 in der Edition Neue Technologien im Michaels Verlag, 86971 Peiting, ISBN 3-89539-250-2

fleisch verwandelt werden würden, soll mit diesem Einschub ausgeglichen werden).
„Skalar-elektromagnetische Waffen sind nahezu in allen Phasen eines Krieges anwendbar, sowohl taktisch als auch strategisch und zugleich offensiv und defensiv. Sie können Marschflugkörper, Flugzeuge, Panzer, U-Boote, Munitionslager etc. zerstören. Mit solchen Waffen können unfaßbar große Gebiete zerstört oder binnen Minuten „neutralisiert" werden. Sie können gleichermaßen zur Wetter- und Klimabeeinflussung im weltweiten Maßstab eingesetzt werden."
Weil kaum ein anderer Wissenschaftler seine Berechnungen, seine Messungen und seine Beobachtungen so frühzeitig, mutig und schonungslos der Öffentlichkeit vorstellte und sich dabei immer wieder bemühte, seine Berechnungen in Worte zu fassen, daß Mensch sie auch verstehen kann, hat die Edition Neue Energien das Bearden-Buch „Gravitobiology - A New Biophysics" in die deutsche Sprache übersetzt.

Die Auseinandersetzung mit der HAARP-Technologie scheint manchmal in einem „Fachchinesisch" geführt. Wer sich hier nicht auf Koryphäen berufen kann, macht sich sehr schnell angreifbar.
Neben der Komplexität des Themas gibt es aber natürlich eine äußerst große Geheimhaltung. Wer hier an die Öffentlichkeit geht, begibt sich in die Schußlinie.
Wie groß die Geheimhaltung ist, beweist folgende Aussage von Prof. Marc Seifer. Er war es, der der Öffentlichkeit mitteilte, daß der Leiter des US-Luftwaffen-Nachrichtendienstes, General George Keegen, erklärte: „Die Strahlenwaffen waren ein in einem solchen Maße gehütetes Geheimnis, daß selbst der Präsident, auf Veranlassung des CIA und anderer nachrichtendienst-

licher Behörden, über wichtige technische Entwicklungen nicht informiert wurde."

Dazu paßt dann auch das von einer Firma in Cannes bereits 1983 angebotene „Prinzip" einer Infra-Schall-Waffe, mit der man töten kann, ohne den Eindruck eines unnatürlichen Todes hervorzurufen. Die Waffe funktioniert über zwei Scheiben, zwischen denen die Luft - zwecks Abstrahlung unhörbarer Schallwellen - zusätzlich komprimiert wird. Lebewesen, die sich innerhalb des beschallten Gebiets aufhalten, erleiden erhebliche, teilweise irreparable Funktionsstörungen der weichen Organe wie des Gehirns, die bei entsprechender Stärke den Tod zur Folge haben. Der gezielte Einsatz einer nach diesem „Prinzip" arbeitenden Waffe wurde bereits erfolgversprechend erprobt.
Nun aber kommt die gute Nachricht zu dem Thema: Die Firma verkauft die Waffe nur an „Regierungsstellen". Ich möchte mal sagen: „Da haben wir ja nochmal Glück gehabt."

HAARP-Projekt und Star War

Neben all den Möglichkeiten, die wir in diesem Buch aufzeigen, was mit der HAARP-Technologie möglich ist, stellt sich natürlich auch die Frage: Ist HAARP auch ein militärisches Objekt? Ist es von Militärstrategen gewollt, geplant, gefördert? Hat HAARP wirklich auch militärische Ziele?
Die US-Regierung dementiert - nur: wer glaubt ihr noch?
Aber ein sehr angesehener, kritischer Wissenschaftler, der sich seit vielen Jahren mit dem HAARP-Projekt beschäftigt, äußert auch Bedenken. Sein Name: Garry Vassilatos. Er glaubt, hinter den Möglichkeiten der Wetterveränderung, der Bewußtseinskontrolle und der Kriegführung noch eine weitere technische Möglichkeit erkannt zu haben und belegt dies sehr präzise in seinem Buch „HAARP ist mehr". Wie gesagt, er leugnet nicht die technischen Voraussetzungen für die in diesem Buch dokumentierten Mißbrauchsmöglichkeiten, aber er sagt, das sind nur Möglichkeiten, sie werden nicht eingesetzt. HAARP wird für eine ganz andere „Unvorstellbarkeit" gebraucht. Und noch ein prominenter Wissenschaftler, kein geringerer als Beardon, äussert sich ähnlich. Beardon ist der Meinung, HAARP ist als Waffentechnologie bereits veraltet. Das, was in Montauk entwickelt wurde, das Einbeziehen des Faktors Zeit, ist die Richtung, in die man schauen muß, wenn es um neueste Waffentechnologie geht.
Nun also Entwarnung? HAARP veraltet? Kein Einsatz als Waffe? Kein Einsatz, um Wetter zu verändern, um Bewußtsein zu kontrollieren?
Um das zu beurteilen, muß man sich nochmal vor Augen führen: Keiner der hier genannten Kritiker zweifelt an, daß das al-

les mit HAARP nicht möglich sein kann. Sie sagen nur - es wird nicht getan.

Um da ein klareres Bild zu bekommen, sollten wir uns

- die Patente anschauen
- die Firma, die die Rechte an den Patenten hält, anschauen
- die Stellen anschauen, die das HAARP-Projekt direkt oder durch Aufträge finanzieren.

Da gibt es Patente wie das US-Patent Nr. 4.999.637 „Zur Erzeugung künstlicher ionisierter Wolken über der Erde“ oder das US-Patent Nr. 4.873.928 „Strahlungsfreie Explosionen von nuklearem Ausmaß“. Da gibt es das Patent 4.686.605 „Verfahren und Vorrichtung zur Beeinflussung der Atmosphäre“

Aus der Patentschrift:

“Weil man bei der Anwendung des hier beschriebenen Verfahrens die Frequenzen der einzelnen elektromagnetischen Strahlen kennt, kann man außerdem nicht nur die Kommunikation Dritter beeinflussen ...

Wie schon erwähnt, können Flugzeuge oder Lenkflugkörper vernichtet, abgelenkt oder gestört werden, insbesondere bei Verwendung relativistischer Teilchen.

Ferner kann das Wetter beeinflußt werden...

... kann die molekulare Zusammensetzung der Atmosphäre geändert werden;...“

Oder wenn wir in der Patentschrift 5.038.664 lesen: *„Die hochenergetischen, relativistischenTeilchen in der Hülle prallen auf den eindringenden Flugkörper, der dann infolge der Stoßenergie beschädigt oder zerstört wird.“*

Und dann gibt es noch das Patent 4.817.495 „Abwehrsystem zur Unterscheidung von Objekten im Raum“. Aus der Beschreibung des Patentes: „Abwehrsystem und Verfahren zur Unterscheidung zwischen bewaffneten, aus dem Weltraum wieder eintretenden Flugkörpern..."

Also allein aus den Patenten läßt sich der militärische Charakter bereits belegen. Wir müssen also gar nicht spekulieren, was mit der Technologie alles möglich ist, es handelt sich hierbei um eine Waffentechnologie.

Wo aber eine Waffentechnologie ist, können das Militär und die Geheimdienste nicht weit sein.
Sind sie beim HAARP-Projekt präsent?
Die Atlantic Richfield Company (ARCO), die zweitgrößter privater Arbeitgeber in Alaska ist, setzte sich mit dem Wissenschaftler Eastlund zusammen, der 12 auf Nikola Tesla basierende Schlüsselpatente besaß. ARCO gründete daraufhin eine kleine unscheinbare Tochterfirma, die Firma APTI und kam so in den Besitz dieser Eastlund-Patente. APTI war ein kleines Unternehmen, 25 Mitarbeiter mit einem recht bescheidenen Umsatz von 5 Millionen Dollar.
APTI bekam sehr bald einen gewaltigen Star-War-Auftrag - einen Auftrag, der fünfmal größer war als sein bisheriger Jahresumsatz. Wieso bekam eine solch unbedeutende Firma einen solchen Auftrag, und das obwohl um den Auftrag sich auch die gewaltige Rüstungsfirma Raytheon bemüht hatte? Raytheon zählt weltweit zu den wichtigsten Rüstungsfirmen und ist die 52größte Firma der USA gewesen (Stand 1993). Kaum jedoch war der militärische Auftrag da, wurde die Firma samt Auftrag und allen Patenten verkauft, und zwar an die recht undurchsichtige Firma E-Systems in Dallas/Texas. Die Verkaufsbedingungen wurden nie veröffentlicht und blieben bisher im Verborgenen. Damit war die schillernde Firma E-Systems im Besitz

der Patente. Was macht E-Systems so undurchschaubar, so schillernd? Nun, weit über 80% ihrer Aufträge erhält die Firma von US-Geheimdiensten. Die Aufträge sind höchst geheim und gehören zu der Sorte, deren Existenz laut Regierungsanweisung grundsätzlich geleugnet wird. In der Regel handelt es sich dabei um Aufträge aus dem Bereich Nachrichtenübertragung-Abhörung-Störung.

E-Systems ist dann schon eine Spielklasse größer: ca. 19.000 Mitarbeiter erwirtschaften einen Jahresumsatz von ca. 2 Milliarden Dollar. Es war die Washington Post, die entlarvte, daß E-Systems 1,8 Milliarden Umsatz mit NSA- und CIA-Geheimaufträgen machte und lediglich 0,3 Milliarden mit anderen, zum Teil staatlichen Aufträgen. Die Mitarbeiter waren häufig ehemalige Mitarbeiter der diversen Geheimdienste. Wir müssen davon ausgehen, daß E-Systems eine Firma ist, die sich völlig in die Hierarchie der US-Geheimdienste und ihrer Firmenbesitzungen einreiht.

Am 26.2.95 berichtete CBS in einer eigenen Sendung über E-Systems. Laut CBS handelt es sich um eine Firma, die in der „schwarzen Welt" tätig ist, einem Bereich also, in dem allen Mitarbeitern bei Strafandrohung verboten ist, über ihre Arbeit zu sprechen. Es wurde ein Prozeß geführt, der dazu führte, daß es verboten war, diese Verbindung zu entlarven. Gleichfalls verfügte das Gericht, daß über diesen Prozeß und das damit erfolgte Verbot, über die Verbindung zu berichten, keine Veröffentlichung erlaubt sei. CBS veröffentlichte nicht nur diesen Umstand. CBS machte öffentlich, daß keinem Prozeßbeteiligten die Unterlagen ausgehändigt wurden, daß man nur beim Generalstaatsanwalt Einsicht nehmen konnte, daß es unter Strafe verboten war, sich hierüber Notizen zu machen - es war unter Haftandrohung verboten, über den Prozeß zu sprechen.

Die ganze Angelegenheit ging bis vor das oberste Gericht mit dem Erfolg, daß nun der Richter!!! und die Prozeßbeteiligten eine Abschrift erhielten.
Bis heute ist es nicht möglich, auf legalem Weg eine Abschrift zu erhalten.
Es bedarf schon der sehr aufmerksamen Beobachtung der HAARP-Kritiker, allen voran den beiden Autoren Nick Begich und Jeane Manning, um die Patente zu verfolgen. Von einer extra gegründeten kleinen, zivilen Firma, APTI, die den Rüstungskonzern aus dem Rennen schlug, zu einem gewaltigen Unternehmen, das fast ausschließlich Geheimdienstprojekte bekommt zu ...
Ja, wohin wanderten dann die Patente? Was wohl niemand glaubte: Der auf Nachrichtendienstaufträge spezialisierte Konzern wurde auch gekauft, und von wem? Der Käufer ist die bereits erwähnte Rüstungsfirma Raytheon. Wirtschaft und Wissenschaft, Geheimdienste und Militärs, bei Raytheon laufen die Fäden vorerst zusammen und bilden dort eine unheilige Allianz.

Niemand soll ein tragbares Gerät oder eine Waffe kaufen, zum Kauf anbieten oder besitzen, von der ein elektrischer Strom, ein Impuls, elektromagnetische Wellen oder ein Strahl gerichtet ausgehen können, welche geeignet sind, vorübergehend einen Menschen kampfunfähig zu machen, zu verletzen oder zu töten."

Auszug aus dem GESETZ gegen elektronische Waffen

Massachussets / USA

HAARP - Montauk

Die Wissenschaftler, die im Bereich „Psychotronische Waffen" arbeiten, gehen unaufhörlich weiter. Wenn wir in dem Buch auf den HAARP-Vorläufer, das Montauk-Projekt[32], verwiesen haben, so hat das seine guten Gründe.
Von Nikola Tesla bis hin zum Philadelphia-Experiment (dessen Leiter Tesla gewesen sein soll) und der Weiterführung der Experimente unter dem deutschen Wissenschaftler Naumann innerhalb des Montauk-Projekts bis eben hin zu HAARP ist eine konsequente, kontinuierliche Weiterentwicklung zu beobachten.
Und doch scheint es einem, wenn man die Montauk-Literatur liest, daß beim HAARP-Projekt etwas fehlt. Die Experimente mit der Zeit, wo sind die waffentechologischen Weiterentwicklungen in dem Bereich?
Von diesem, von der großen Mehrzahl der Wissenschaftler abgestrittenen, Bereich modernster Forschung konnten wir innerhalb des HAARP-Projekts keine Spuren finden. Ein Indiz dafür, daß Montauk doch nur Spinnerei ist - oder ist HAARP nicht etwa die Manifestation dessen, was die Montauk-Technologie zu leisten vermag? Sozusagen das, was man inzwischen aus der Dunkelheit des Geheimprojektes in die Welt stellen kann. Politisch gesehen nimmt man einem Teil der Kritik die Kraft, indem man die Technologie an das Licht der Öffentlichkeit bringt, und auch wissenschaftlich betrachtet ist das, was in HAARP offiziellen Charakter hat, zwar für die meisten Schulwissenschaftler

---

[32] Montauk 1 Experimente mit der Zeit; Montauk 2 Abenteuer mit der Synchronizität; Montauk 3 Pyramiden von Montauk; Montauk 4 Interviews zum Montauk Projekt; Montauk 5 Die Schwarze Sonne; alle: Edition Montauk im Michaels Verlag

noch nicht verständlich, aber für einen nicht unerheblichen Teil der Bio-Physiker zumindestens erklärbar.

Die Experimente mit der Dimension Zeit lassen uns ahnen, daß HAARP noch nicht das Ende der Perversion ist. Der Mensch ist dabei, sich zu GOTT zu erheben.
Die pervertierte Bereitschaft, die Ionosphäre wie auch den Erdmagnetismus, das Wetter wie auch die Gene als Lebensbausteinchen manipulieren zu wollen, wird durch die Entwicklung weiterer Technologien, die die Dimension Zeit betreffen, fortgesetzt.
Elektromagnetische Waffen, die mit dem Faktor Zeit arbeiten - eine Unvorstellbarkeit? Nicht, wenn man Nichols und Moon Glauben schenken darf, und nicht, wenn ein Bearden Recht behält.
Vielleicht sollten wir uns nochmal mit James Clerk Maxwell beschäftigen, und zwar mit seiner kompletten Algebra und nicht nur mit der kastrierten Schonkost. Genug der Hinweise.
Richtig erscheint, daß HAARP derzeit die modernste, ausgereifteste Waffentechnologie darstellt. Aber kein Mensch soll glauben, daß damit das Ende des Wahnsinns erreicht sei.

... und alle schauen zu

Hochkarätige Mahner und Kritiker, Wissenschaftler aus allen Disziplinen gab es und gibt es, und doch verhallen ihre Mahnungen anscheinend ungehört. Der kollektive Aufschrei der Empörung, die kritischen Medien, wo sind sie?
Politiker und Medien ignorieren auf weiter Front das Thema. Warum?
Handelt es sich hierbei um eine Verschwörung?
Nun, auch das ist möglich, aber dies sollen andere Autoren in einem anderen Buch recherchieren. Eine viel einfachere Erklärung liegt offen auf der Hand und gibt eine gute Erklärung für diese Untätigkeit und das „Große Schweigen“ ab: Es ist die Unwissenheit zu diesem Thema.
In einer Zeit, in der zig-Jahre alte Patente als für zu kompliziert angesehen werden, wo selbst Schulwissenschaftler Nikola Tesla immer noch als ein besonderes Unikum abtun und nicht in der Lage sind, seinen genialen Gedanken zu folgen, gehen Informationen verloren, werden nicht mehr wahrgenommen. In einer Zeit, wo das Wissen immer spezialisierter wird und sich das Menschheitswissen alle 8 Jahre verdoppelt, also wir real immer dümmer werden, gemessen daran, was es alles zu wissen gibt, in einer Zeit der totalen Ablenkung und Informationsüberflutung, verlieren wir immer mehr den Bezug zu den Realitäten, zu dem, was heute möglich ist. Bereits Nikola Tesla ließ Blitze aus seinen Händen strömen, Schiffe ferngesteuert fahren, nahm eine Glühbirne in die Hand und ließ sie dort „einfach so“ glühen, er entwickelte seine „Todesstrahlen“, konnte an jedem Punkt der Welt Erdbeben entstehen lassen und war in der Lage, Gebäude, Mauern und Brücken zum Einstürzen zu bringen, indem er ihre Schwingungen berechnete

und sie mit kleinsten, gleichmäßigen Stößen immer mehr zum Vibrieren brachte, bis sie einstürzten.
Sein Vorbild war in diesem Fall die Schaukel, wo jedes Kind, wenn es an der richtigen Stelle und zum richtigen Zeitpunkt der Schaukel einen Schubs gab, einen Erwachsenen in sehr große Bewegung versetzen konnte. Während Edison noch mit Gleichstrom arbeitete, entwickelte er den Wechselstrom, sein Schüler Marconi erfand das Radio. Jahre später mußte Marconi in einem Rechtsstreit nachgeben: Die gesamte Entwicklung basierte auf Teslapatenten. Wenn die US-Streitkräfte heute Strahlenwaffen entwickeln, wenn sie ein Flugzeug der ungläubigen Presse präsentieren, das 10.000 Flugstunden in der Luft bleiben kann, so basiert das ausschließlich auf Teslas „Drahtloser Energieübertragung" - das Flugzeug wird mit einer Art Mikrowelle beschossen, und an Bord der Maschine wird der Strahl in nutzbare Energie umgewandelt. All das übersteigt die Vorstellungskräfte der meisten Politiker. Erst recht sind sie mit Teslas Entdeckung, daß in der Ionosphäre eine schier unendliche Energiemenge zur Verfügung steht, überfordert. Tesla war in der Lage, diese Energie nutzbar zu machen, und hier liegt die Chance wie auch die ungeheure Gefahr.
Dieser Ionosphäre werden jetzt an genau berechneten Stellen in genau berechneten Mengen Energien zugeführt. Besteht da die Gefahr, daß sich ähnlich wie bei der Schaukel etwas hochschaukelt?
Was passiert, wenn ein kritischer Punkt erreicht wird und sich die aufgeladene Fläche schlagartig entlädt? Etwas, was in der Physik häufig beobachtet werden kann.
Wissenschaftler, die sich mit solchen Fragen beschäftigen, warnen. Warnen zum Beispiel vor einem Polsprung. Was eine schlagartige Entladung dieser riesigen Energiemen-

gen für den Menschen bedeutet, kann man sich nur mit einem totalen Ausfall vorstellen. Jeder Gedanke, jede Handlung, jede Regung hat eine elektromagnetische Komponente. Der Mensch kann nur leben, wenn seine Schwingungen im Einklang mit den Schwingungen in seinem Umfeld sind. Radio, Fernsehen, Handys mit ihren modifizierten und gepulsten Frequenzen bilden bereits jetzt eine nicht zu unterschätzende Gefahr für den „Elektromagnetischen Bioorganismus Mensch". Immer mehr Kraft muß der Mensch aufbringen, um sich im Gleichgewicht, im Gleichklang zu halten. Organismen, die dazu nicht mehr in der Lage sind, reagieren völlig verstört: Auto-Immunschwäche, das Zusammenbrechen seines Immunsystems können Folgen davon sein. Das, was HAARP aber an Strahlungen, an Energien freisetzt, kommt hier noch hinzu. Die besondere Gefahr aber liegt auch darin, daß mit der HAARP-Technologie gezielt und punktgenau diese elektromagnetischen Felder aufgebaut werden können.

Um die Möglichkeit des HAARP-Projekts bei der Gedankenkontrolle des Menschen richtig zu verstehen, bedarf es eines umfangreichen und vor allem absolut aktuellen Wissens über das Funktionieren des menschlichen Gehirns.[33]

Um es in einfacher Weise zu erklären, nur soviel:

Die Homöopathie wirkt ausschließlich durch Schwingung. Die „heilende" Substanz wird immer mehr verdünnt (potenziert), bis sie als Substanz nicht mehr nachweisbar ist. Das heißt: Die Substanz ist chemisch nicht mehr im Heilmittel vorhanden. Das Wasser aber hat die Information des Mittels gespeichert. Wie

---

[33] Jim Keith: Bewußtseinskontrolle, 5/98, Edition Jonathan May ISBN 3-89539-290-1

können wir uns das vorstellen? Jedes Teil hat seine individuelle Schwingung. Diese Schwingung hat das Wasser, als idealen Träger, in die gleiche Schwingung versetzt. Es ist in dem Fall also nicht die Substanz, die heilt, sondern die Schwingung, sprich: die Information der Heilsubstanz, die auf das Wasser übertragen wurde. Nun kann man diese Information, diese Schwingung sogar in einem Computer speichern und sie bei Bedarf jederzeit erzeugen und auf eine Trägersubstanz wie z.B. in Globuli (das sind die kleinen weißen Kügelchen in der Homöopathie) übertragen. Diese Informationsübertragung geschieht mit einem eigens dafür entwickelten Gerät, über das zahlreiche Ärzte bereits verfügen. Und nun stellen wir uns das gleiche Gerät vor, nur geben wir damit nicht die Schwingung und die Information eines Heilmittels ein, sondern die Informationen einer krankmachenden Substanz, die Information des ungehinderten Zellwucherns, der Angst, der Panik, der Euphorie etc.. Dieses Gerät richte ich nicht auf Globuli, sondern auf einen Menschen ...

Die Kritiker werden jetzt mit Recht einwenden, daß der Mensch kein kleines weißes Kügelchen ist. Das stimmt, aber wir wissen längst, auf welcher Frequenz unsere Nerven und unsere Gedanken arbeiten. Das ist ja auch einer der Hauptkritikpunkte beim Mobilfunk. Die Frequenzen des Mobilfunks kommen immer näher an diese Frequenzen heran.

Der fokussierte Strahl des HAARP-Projekts kann jeden Punkt der Welt erreichen.

Der erhitzte, herausgetrennte, angehobene und angewinkelte Ionosphärenschild dient als vollkommener Spiegel. Nach dem Gesetz „Einfallswinkel gleich Ausfallswinkel" können spätestens jetzt riesige Gebiete mit HAARP-Strahlen bestrichen werden.

... oder man benutzt die bestehenden Antennen und Sendeanlagen, die Satellitenanlagen ...

HAARP ist ungeheuer komplex. Das Stranden von Robben, Delphinen und Walen, so sagen Wissenschaftler, hat etwas damit zu tun, daß sie die Orientierung verlieren, ihr Radar versagt.
Der Mensch manipuliert gezielt und gewollt in diesen Bereichen herum.
Das Ozonloch, bereits jetzt feststellbare Wetterveränderungen, das Umleiten von Luftströmen (die um die Erde gehen), all das hat etwas mit der HAARP-Technologie zu tun.
Das minimale Anschubsen an der richtigen Stelle, zum rechten Zeitpunkt, auch das hat etwas mit HAARP zu tun.
Die damit erzeugbaren Erdbeben ebenfalls, und vor allem das Erzeugen von Strahlenwaffen, von Waffen, die eine Schwingung erzeugen, die den betroffenen Menschen lähmt, die Adern und Gefäße zum Platzen bringt, die Konzentrationsstörungen herbeiführt, die den Menschen wie ein Steak in der Mikrowelle erhitzt oder jedem lebenden Organismus jegliche Energie/Wärme entzieht - all das hat ebenfalls etwas mit HAARP und der neuen Technologie zu tun, mit der Bio-Physik.

Festzustellen bleibt:

„Man kann sich inzwischen ein ganzes Volk durch die langfristige Bestrahlung mit modulierten ELF-Zentimeterwellen nach und nach psychisch gefügig machen."

An dieser Stelle nur noch ein Zitat:

„Wir brauchen eine Uno-Charta, die die gesamte Technik mit elektromagnetischen Wellen, mit denen biologische Systeme in verhängnisvolle Resonanz treten können, für alle Menschen und für alle Zeiten verbietet.
... Ihre Aufgabe ist die sofortige Vernichtung solcher technischer Geräte, die schlimmer als Drogen, AIDS und genmanipulierte Monster unsere Erde zugrunderichten können.“

Dr. Ing. Wolfgang Volkrodt

Die HAARP Chronik

Die Chronik des Wahnsinns begann mit Nikola Tesla. Er war das Genie. Kein Wissenschaftler ist so verkannt, totgeschwiegen worden wie er und seine Leistungen in solch einem Maße pervertiert worden wie seine.

1856 Am 10.Juli wird Nikola Tesla in Kroatien geboren. Er entstammt einem religiösen Elternhaus, sein Vater war orthodoxer Geistlicher.

1856 Lord Kelvin entwickelt die Theorie des Schwingkreises.

1865 Maxwell veröffentlicht seine mathematische Theorie der elektromagnetischen Lichtausbreitung.

1882 Tesla entdeckt das Drehfeld.[34]

1882 Tesla konzipiert den ersten Wechselstrommotor.[35]

1882 Edison baut das erste mit Gleichstrom betriebene Elektrizitätswerk in New York.[36]

---

[34] Nikola Tesla: Seine Werke (in 6 leinengebunden Bänden), 1997, Edition Nikola Tesla. D-86971 Peiting, ISBN 3-89539-247-2

[35] ebd.

[36] Franz Ferzak: Nikola Tesla, Edition Ferzak, Neuhinzenhausen, ISBN 3-9801465-0-2

1885 Gründung der „Tesla Electric Light Company".

1885 Anmeldung der ersten Patente.

1887 Gründung der „Tesla Electric Company".

1887 Anmeldung verschiedener Patente, u.a. „Elektromagnetischer Motor" und „Verteilung elektrischer Energie-Wechselstromübertragungssysteme".[37]

1888 Hertz macht Versuche mit elektromagnetischen Wellen von ca. 1m.

1888 Mai, Tesla hält den Vortrag: „Ein neues System von Wechselstrommotoren und Transformationen".[38]

1988 Juli, Tesla verkauft sämtliche Drehstrom-Patente an Westinghouse.[39]

1989 Anmeldung von Teslas Patent für eine Hochfrequenzmaschine.[40]

1891 Erfindung der Hochfrequenzoszillatoren unter Verwendung vom Thomson`schen Schwingkreis durch Tesla.[41]

---

[37] Nikola Tesla: Seine Werke, 1997, Edition Nikola Tesla. D-86971 Peiting, 3-89539-247-2
[38] ebd.
[39] ebd.
[40] ebd.

1891 Entwicklung der Tesla-Spule.[42]

1891 Tesla erzeugt Spannungen bis zu 4 Millionen Volt.[43]

1891 Tesla baut kleine ferngesteuerte Geräte.[44]

1891 20.Mai: Teslas aufsehenerregender Vortrag vor dem „Amerikanischen Institut der Elektroingenieure“ in New York über die Anwendung von Hochfrequenzströmen.[45]

1892 4. Februar: Teslas stellt in seinem Vortrag vor der Royal Institution in London erstmals die „drahtlose Telegraphie“ vor.[46]

1893 Tesla stellt die Grundprinzipien der Radiotechnik vor.[47]

1895 13. März: Teslas Laboratorium wird bei einem Brand völlig zerstört.[48]

1897 Thomsen entdeckt das Elektron[49].

---

[41] ebd.
[42] ebd.
[43] ebd.
[44] ebd.
[45] ebd.
[46] ebd.
[47] ebd.
[48] ebd.

1897 Teslas erste drahtlose Übertragung über größere Entfernung (40 km) zwischen seinem Labor und einem Schiff auf dem Hudson River.[50]

1898 Tesla baut einen Apparat zur Nutzung der Sonnenenergie.[51]

1898 Tesla stellt auf der Weltausstellung im Madison Square Garden sein ferngesteuertes Boot und eine Anlage zur drahtlosen Nachrichtenübertragung vor.[52]

1899 Entwicklung des sogenannten „Magnifying Transmitter".

1899 Signalübertragung über 1000 Km.

1899 Tesla erzeugt Spannungen bis zu 20 Millionen Volt.[53]

1899 Bau einer kleinen Modellanlage zur drahtlosen Übertragung von Energie.[54]

1899 Entwicklung eines Konverters zur Nutzung der Energie des Weltalls !!!!.[55]

---

[49] Franz Ferzak: Nikola Tesla, Neuhinzenhausen, Edition Ferzak, ISBN 3-9801465-0-2

[50] Nikola Tesla: Seine Werke, ISBN 3-89539-247-2

[51] ebd.

[52] ebd.

[53] ebd.

[54] ebd.

1901 Marconi sendet mit einer Hochfrequenzanlage, die nach Teslas Plänen gebaut wurde, ein Signal von Europa nach Amerika. [56]

1902 Tesla zieht nach Wardenclyffe auf Long Island.[57]

1902 - 1905 Tesla baut an dem Sendeturm auf Wardenclyffe. Tesla arbeitet weiter an seinen Erfindungen: „Nutzung der Energie aus dem Weltall" und „Drahtlose Übertragung von Energie".[58]

1905 Tesla erhält die amerikanische Patent Nr. 787412 für seine „Drahtlose Energieübertragung".[59]

1905 Der Bankier Morgan entzieht Tesla seine finanzielle Unterstützung, da er über den von ihm mitfinanzierten Wardenclyffe-Turm nicht nur Funkbotschaften verschicken will, sondern auch Energie. Seit diesem Zeitpunkt verschwand Tesla aus dem Blickfeld der wissenschaftlichen Öffentlichkeit. Er wurde von da an totgeschwiegen. Die Banken und Konzernchefs, die an ihrem Versorgungsmonopol und der Meßbarkeit des Stromverbrauchs und dessen Kontrolle interessiert waren, stellten ihn einfach kalt.[60]

---

[55] ebd.
[56] Franz Ferzak: Nikola Tesla
[57] Nikola Tesla: Seine Werke, ISBN 3-89539-247-2
[58] ebd.
[59] Teslas Patente, ISBN 3-89539-246-4
[60] Manning/Begich: Löcher im Weltall, 2001, Frankfurt a.M.

1909 erhalten Marconi und Braun den Nobelpreis für „ihre" Entwicklung des drahtlosen Telegraphen (Tja, so schnell wird man bestohlen und vergessen).[61]

1910 - Um Tesla ranken sich in dieser Zeit bis zu seinem Tod (1943) zahlreiche Gerüchte über seine Arbeit mit ELF-Wellen, Experimenten über Wetterveränderung und Bewußtseinskontrolle. Angeblich soll er technischer Leiter bei dem Philadelphia-Experiment 1943 gewesen sein (hier sollte ein Kriegsschiff radarmäßig unsichtbar gemacht werden und verschwand dann völlig, da angeblich durch die Energien, die hierbei freigesetzt wurden, ein Loch ins Raum/Zeit-Kontinuum gerissen wurde - Beginn der Zeitexperimente). Tesla soll hierauf seine Mitarbeit bei diesem Geheimprojekt wegen starker moralischer Bedenken gekündigt haben und starb dann hochbetagt, aber doch sehr überraschend im gleichen Jahr.
Die Fortsetzungsexperimente des Philadelphia-Experimentes mit Elf-Wellen, mit Mind-Control-Programmen und Zeitexperimenten fanden „zufälligerweise" auf Long Island statt.[62]

1910 - Tesla arbeitet an einer „Strahlenwaffe", die

[61] Franz Ferzak: Nikola Tesla, Neuhinzenhausen,
[62]Montauk 1 Experimente mit der Zeit; Montauk 2 Abenteuer mit der Synchronizität; Montauk 3 Pyramiden von Montauk; Montauk 4 Interviews zum Montauk Projekt; Montauk 5 Die Schwarze Sonne; alle Edition Montauk im Michaels Verlag, 86971 Peiting

1912 Häuser zum Einstürzen brachte.

1912 Tesla stellte in einem Interview einen kleinen Vibrator vor, der Häuser und Brücken zum Einstürzen bringen konnte.[63]

1916 Weitere diverse Tesla-Patente, u.a. Frequenzmesser.[64]

1917 Aufsehenerregender Artikel von Tesla über die Hauptbestandteile des Radars.[65]

1922 Verschiedene Patente von Tesla im Bereich der Mechanik von Flüssigkeiten.[66]

1924 Die Annahme, daß Funkwellen von der Ionosphäre (der elektrisch geladenen Schicht der Atmosphäre) zurückgeworfen werden, bestätigt sich.[67]

1931 Tesla veröffentlicht Pläne für ein geothermisches Kraftwerk.[68]

1931 Tesla testet seinen Energiekonverter in einem Pierce Arrow.[69]

---

[63] Nikola Tesla: Seine Werke, ISBN 3-89539-247-2
[64] Teslas Patente, ISBN 3-89539-246-4
[65] Nikola Tesla: Seine Werke, ISBN 3-89539-247-2
[66] Teslas Patente, ISBN 3-89539-246-4
[67] Manning/Begich: Löcher im Weltall, 2001, Frankfurt a.Main
[68] Nikola Tesla: Seine Werke, ISBN 3-89539-247-2
[69] ebd.

1938 Wissenschaftler schlagen vor, den Nachthimmel durch Elektronengyotron-Erwärmung mit Hilfe einer starken Sendeantenne zum Leuchten zu bringen.[70]

1940 Tesla verkündet die Erfindung eines Todesstrahls. Hierzu sind alle Unterlagen für die Öffentlichkeit verschwunden gewesen, wobei davon ausgegangen werden muß, daß maßgebliche Stellen hierüber die ganze Zeit Bescheid wußten und die Erfindung weiterentwickelten.
Die Edition Tesla, 86971 Peiting, hat die Veröffentlichung des vorhandenen Original-Materials und deren Übersetzung ins Deutsche vorgenommen, damit hierüber die längst überfällige öffentliche Diskussion stattfinden kann.

1945 Atombombenabwurf und Versuche - 40.000 elektromagnetische Pulse folgen.[71]

1952 W.O. Schumann mißt die Resonanzfrequenz der Erde; sie beträgt 7,83 Hertz.[72]

1958 Van Allen entdeckt den „Van Allen-Strahlungsgürtel" in über 3.500 Kilometern Höhe - dies ist eine Zone von

[70] Manning/Begich: Löcher im Weltall, 2001, Frankfurt a.Main
[71] ebd.
[72] ebd.

geladenen Teilchen, die sich im Magnetfeld der Erde bewegen.[73]

1958 Der „Van Allen-Strahlungsgürtel" wird durch drei Atombombenversuche erheblich gestört. Ziel war es laut US Verteidigungsministerium, „die Möglichkeiten der Wetterbeeinflussung durch die Manipulation der Ladung der Erde und des Himmels zu erforschen"[74]

1960 Beginn zahlreicher außergewöhnlicher Wetterkatastrophen.[75]

1961 Um einen „Telekommunikationsschild" zu erzeugen, werden Kupfernadeln in die Ionosphäre gebracht.[76]

1961 „Folge waren Erdbeben mit der Stärke von 8,5 in Alaska, Chile büßte einen erheblichen Küstenteil ein. Das Kupferschild brachte das Magnetfeld unseres Planeten durcheinander", so der Physiker Walther Richmond und seine Frau Leigh Richmond-Donahue (freie Journalistin). Die beiden haben sämtliche bekanntgewordenen wissenschaftlichen Aktivitäten zu diesem Bereich, vom 2. Weltkrieg bis 1977 akribisch aufgezeichnet. Gleichzeitig sind sie Autoren des amerikanischen Bestsellers "Das verschollene Jahrtausend". In diesem „Roman" werden der Irrsinn der HAARP-Technologie

---

[73] (V. A. Schmidt: Planet Erde und die neue Geowissenschaft, Kendall/Hunt, Iowa 1986).
[74] ebd.
[75] Redaktionskommentar im Saturday Review vom 2. Mai 1977
[76] Keesings histori. Archiv, Hinweis von Nigel Harle, Niderlande

und ihre möglichen Folgen sehr spannend und anschaulich beschrieben. Sie lesen einen Roman und erhalten (ohne es zu merken) eine Fülle von physikalischem Fachwissen.[77]

1961 Wissenschaftler schlagen Experimente mit künstlich erzeugten Ionenfeldern vor. Chemische Substanzen u.a. Bariumpulver werden von Satelliten und Raketen aus abgeladen.[78]

1962 Sowjetunion und USA jagen große Mengen elektromagnetischer Pulse in die Atmosphäre. 300 Megatonnen Nuklearmaterial verringern die Ozonschicht um etwa 4 Prozent.[79]

1962 Kanadische Satelliten werden in die Umlaufbahn gebracht; Beginn der Anregung von Plasmaresonanzen im Weltraumplasma durch stationierte Antennen.[80]

1965 Im Rahmen des Projekts Sanguine errichtet die US-Marine eine ELF-Antennenanlage im Staat Wisconsin.[81]

---

[77] Richmond, Das verschollene Jahrtausend, Edition HAARP im Michaels Verlag, 86971 Peiting, ISBN 3-89539-292-8
[78] Manfred Scholer: „On the Motion of Artifical Ion Clouds in the Magnetosphere" in Planet Space Sci., Nordirland 1970 Bd.18 S.977-1004
[79] „Long Term Effects of Multiple Nuclear-Weapon Detonation" in National Acadamy of Sciences, 1975
[80] Michael J. Rycroft: Active Experiments in Space Plasma" in: Nature Bd. 287, 4. Sept. 1980
[81] Manning/Begich: Löcher im Weltall, 2001, Frankfurt a.Main

1966 Gordon J. F. MacDonald veröffentlicht ein Buch über Militärstrategie und Umwelttechnik.[82]

1968 Moskauer Wissenschaftler geben in westlichen Medien zu, daß es den Sowjets gelungen ist, gepulste Magnetfeldfrequenzen identifizieren zu können, die mentale und physiologische Funktionen von Menschen positiv oder negativ beeinflussen.[83]

1972 Erste Berichte über Experimente mit von „Ionosphärenheizern" ausgestrahlten Hochfrequenz-Wellen in Arecibo.[84]

1972 Mit einem 100-Megawatt-Heizer, der noch im selben Jahr in Norwegen gebaut wird, können die Leiteigenschaften der Ionosphäre verändert werden.[85]

1973 Es wird festgestellt, daß bei jedem Start der Trägerrakete Skylab durch die Emissionsgase „der Gesamtelektronengehalt der Ionosphäre für die Dauer von drei Stunden halbiert wird"[86]

---

[82] Lowell Ponte: The Cooling, Prentice Hall, New Jersey 1976

[83] Sheila Ostrander und Lynn Schroeder: Super Memory; The Revolution, Carroll & Graf, New York 1991

[84] W. E. Gordon und H. C. Carlson: Arecibo Heating Experiments" in Radio Science Bd. 9, Nr.11, Nov. 1974, S. 1041-1047

[85] Michael J. Rycroft: Active Experiments in Space Plasma" in: Nature Bd. 287, 4. Sept. 1980

[86] Michael J. Rycroft: „Ionospheric Hole Caused By Rocket Engine" in: Nature Bd. 297, Juni 1982, sowie ergänzend dazu: Michael Mendillo, Gerald S.Hawkins und John A. Klobuchar: A

Die Empfehlung, eine Studie zu den biologischen Auswirkungen und Folgen des Projekts Sanguine in Auftrag zu geben, wird von der US Marine zurückgewiesen.[87]

1974 Die UNO-Vollversammlung ächtet sämtliche umweltverändernden Kriegstechnologien.

1974 Bei Experimenten mit Hochfrequenzstrahlung in Plattesville, Colorado, in Arecibo, Puerto Rico und in Armidale, Neusüdwales, wird „die Unterseite der Ionosphäre aufgeheizt“[88]

1974 Bei Experimenten werden Sauerstoffatome in der Ionosphäre mit beschleunigten Elektronen beschossen und bringen so den Himmel zum Leuchten.

1974 Mind-Control-Experimente finden auf Long Island im Zuge des Montauk-Projekts mit ELF-Wellen statt.[89]

Sudden Vanishing of the Ionospheric F Region Due to the Launch of Skylab“ in: Journal of Geophysical Research Bd. 80 Nr.16, 1. Juni 1975, S.2217

[87] Robert O. Becker: Cross Currents: The Perils of Electropollution. The Promise of Electromedicine, Jeremy Tarcher, Los Angeles 1990, S. 201-203

[88] G. Meltz und F. W. Perkins: Ionospheric Modifikation Theory: Past, Present and Future“ in Radio Science Bd. 9, Nr.11,, Nov. 1974

[89] Montauk 1 Experimente mit der Zeit; Montauk 2 Abenteuer mit der Synchronizität; Montauk 3 Pyramiden von Montauk; Montauk 4 Interviews zum Montauk Projekt; Montauk 5 Die Schwarze Sonne; alle Edition Montauk im Michaels Verlag,

1975 Robert Helliwell, Stanford University, berichtet über ionosphärische Veränderungen durch VLF-Emissionen (VLF = Very Low Frequency) von Hochspannungsleitungen.[90]

1975 Senator Gaylord erzwingt die Veröffentlichung von Unterlagen der US-Marine, aus denen hervorgeht, daß ELF-Wellen beim Menschen das Blutbild verändern.[91]

1975 Im Unterausschuß des US-Senats wird gefordert, daß Wetter- und Klimaveränderungsprogramme einer Zivilbehörde unterstellt werden müssen, die dem Kongreß verantwortlich ist. Die Politiker „entmachten" sich selbst, indem sie diesen Antrag ablehnen.

1975 Die Sowjets beginnen offiziell mit dem Senden von ELF-Wellen, deren Frequenzen mit denen der wichtigsten menschlichen Hirnströme identisch sind. In Eugene, im Bundesstaat Oregon werden überaus starke Auswirkungen auf die Menschen festgestellt.[92]

---

[90] Lowell Ponte: The Cooling, Prentice Hall, New Jersey 1976, S. 169

[91] ebd.

[92] Ostrander/Schroeder; Super Memory; The Revolution, Caroll & Graf, New York 1991

1976 Ab diesem Jahr ist es schulwissenschaftliche Erkenntnis: ELF-Felder beeinflussen das menschliche Nervensystem.[93]

1979 Der amerikanische Forschungssatellit vom Typ HEAO wird als dritter seiner Art abgeschossen. „Spontane chemische Prozesse zwischen den Emissionen der Trägerrakete und der Ozonschicht verursachen ein gigantisches Plasmaloch. Die Ionosphäre wird weitflächig angegriffen (über eine Horizontspanne von weit mehr als 300 km) und erheblich geschwächt. Der Vorgang dauert zahlreiche Stunden an.[94]

1985 10.01. Das Patent: „Verfahren und Vorrichtung zur Beeinflussung eines Gebiets in der Atmosphäre und/oder der Magnetosphäre der Erde“ wird von dem Texaner Bernad J. Eastlund (den Namen sollte man sich merken) eingereicht. Seine Patentanmeldung basiert auf Teslas U.S. Patent Nr. 1119732 (drahtlose Energieübertragung).[95]

---

[93] (div. Arbeiten von Susan Bawin und Ross Adey sowie Robert O. Becker: Cross Currents: The perils of Electropollution. The Promise of Electromedicine, Jeremy Tarcher, Los Angeles 1990).

[94] (Michael Mendillo, Donald Rote und Paul A. Bernhardt: Preliminary Report of the HEAO Hole in the Ionosphere“ erschienen in: American Geophysical Union, EOS Bd. 61 Nr. 28, 8.Juli 1980).

[95] US Patentamt

1985 Beginn des flächendeckenden Ausbaus von GWEN-Antennen in der USA. Die GWEN-Antennen erzeugen die VLF-Wellen (Very Low Frequency). Damit sind Elektromagnetische Wellen im Frequenzbereich zwischen dreitausend (3 kHz) und 30.000 (30kHz) Schwingungen pro Sekunde gemeint. Diese werden für das US-Verteidigungssystem benutzt.

1986 Die Erkenntnisse des spanischen Wissenschaftlers Delgado, der nachweisen konnte, daß Magnetfelder, die mit sehr niedrigen Energien und tiefen Frequenzen gepulst werden, Hühnerembryone schädigen, werden von der US-Marine in einer großen Testreihe in Auftrag gegeben und nachvollzogen. Die Experimente laufen unter dem Namen „Projekt Henhouse" und bestätigen die Aussagen Delgados.[96]

1986 28.11. Das US-Patentamt lehnt das 1985 beantragte Patent Eastlunds ab mit der Begründung: „... nicht funktionsfähig und läßt daher keinen Nutzen erwarten."

1987 14.01. Eastlund reicht das Patent erneut ein. Mit diesem neuen Patent konnten 1.000.000 (eine Million) mal mehr Watt auf einem Kubikzentimeter erreicht werden. Damit kann die „Ionosphäre angehoben werden". Das Militär zeigt ein erstaunliches Interesse an dem Patent zur „Drahtlosen Energieübermittlung".

---

[96] Robert O. Becker: Cross Currents: The Perils of Electropollution. The Promise of Electromedicine, Jeremy Tarcher, Los Angeles 1990

1987 11.08. Eastlund erhält das Patent Nr. 4686605 erteilt. *Patentinhaber ist die Firma: ARCO Power Technologies Inc. (APTI).*[97]

1987 08.12. Das US-Patentamt erteilt den Erfindern Eastlund und Simon Ramod das Patent mit der Nr. 4712155. Der Titel lautet: „Verfahren und Vorrichtung zum künstlichen Aufheizen eines Plasmagebiets durch Elektronen - Zyklotronresonanz". *Patentinhaber ist die Firma: ARCO Power Technologies Inc. (APTI).*[98]

1987- Auf der Basis der Patente von Eastlund arbeiten US-Wissenschaftler an der Entwicklung neuer Waffentechnologie.

1989 Das US-Patentamt erteilt dem Erfinder Adam T. Drobot das Patent mit der Nr. 4817495. Der Titel lautet: „Abwehrsystem zur Unterscheidung von Objekten im Raum". Das Patent gründet sich auf Eastlunds Patent 4686605. Aus der Patentschrift: „ ... Abwehrsystem und Verfahren zur Unterscheidung zwischen bewaffneten, aus dem Weltraum wieder eintretenden Flugkörpern und unbewaffneten Objekten in deren näheren Umgebung...
...Die Erfindung dient zur Unterscheidung zwischen bewaffneten und unbewaffneten Flugkörpern beim drohenden Angriff eines Schwarms feindlicher Flugkörper. Das System eignet sich aber auch dazu, Sa-

[97] US Patentamt - U S Patent Nr. 4686605
[98] US Patentamt - U S Patent Nr. 4712155

telliten in einer Umlaufbahn daraufhin zu überprüfen, ob sie Kernwaffen für einen späteren Abschuß mit sich führen. Um den zu sondierenden Satelliten wird eine Wolke relativistischer Elektronen erzeugt, die schließlich eine Signatur des Satelliten liefert. Deren Analyse verrät, was sich an Bord des Satelliten befindet.“ *Patentinhaber ist die Firma: ARCO Power Technologies Inc. (APTI).*[99]

1989 17.10. Das US-Patentamt erteilt dem Erfinder Frank E. Lowther das Patent mit der Nr. 4873028. Der Titel lautet: „Strahlungslose Explosionen von nuklearer Stärke“.

Aus der Patentschrift: „Explosionen einer Gasmischung hervorzurufen, wobei die Schockwirkung mit derjenigen einer Nulklearexplosion vergleichbar ist...“

Als idealer Standort wird Alaska angegeben. Ob dieses Patent Eingang gefunden hat in das HAARP-Projekt, ist nicht sicher. Sicher ist: *Patentinhaber ist die Firma: Atlantic Richfield Oil Company (ARCO) Power Technologies Inc. (APTI).*[100]

1990 04.04. Das US-Patentamt erteilt den Erfindern Arie Ziegler und Yossef Elsen, Rishon Le Zion, Israel das Patent mit der Nr. 4954709. Der Titel lautet: „Hochauflösender Gammastrahlendetektor mit Richtwirkung“.

Hervorragend geeignet, um Flugobjekte mit Nuklearsprengköpfen zu erkennen sowie für die Berechnung

---

[99] US Patentamt - US Patent Nr. 4817495)

[100] US Patentamt -(US Patent Nr. 4873028)

ihrer wahrscheinlichen Flugbahn. *Patentinhaber ist die Firma: Atlantic Richfield Oil Company (ARCO) Power Technologies Inc. (APTI.*[101]

1991 12.03. Das US-Patentamt erteilt dem Erfinder Roland M. Bass das Patent mit der Nr. 4999637. Der Titel lautet: „Erzeugung künstlicher ionisierter Wolken über der Erde". Das Patent begründet sich ebenfalls auf Eastlunds Patenten und dient dazu, eine „Plasmawolke" mit einem Minimum an Energie zu erzeugen. *Patentinhaber ist die Firma: Atlantic Richfield Oil Company (ARCO) Power Technologies Inc. (APTI).*[102]

1991 13.08. Das US Patentamt erteilt dem Erfinder Bernhard J. Eastlund das Patent mit der Nr. 5038664. Der Titel lautet: „Verfahren zum Erzeugen einer Hülle mit relativistischen Teilchen in gewisser Höhe über der Erdoberfläche". Diese Erfindung dient der Entwicklung einer Teilchenstrahlenwaffe zur Vernichtung von Flugkörpern.

Das Neue an dieser Strahlenwaffe ist, daß nicht mehr gezielt werden muß. Es wird ein Feld dieser Teilchen erzeugt, und bei jedem Flugobjekt, das in dieses Feld hineingerät, fällt sofort jegliche Elektronik aus.

Aus der Patentschrift: „... das so erzeugte Feld, kann als Flugabwehrschild verwendet werden. Die hochenergetischen, relativistischen Teilchen treffen auf das

---

[101] US Patentamt - US Patent Nr. 4954709

[102] US Patentamt - US Patent Nr. 4999637

hereinkommende Objekt, das infolge der Stoßenergie beschädigt und zerstört wird". *Patentinhaber ist die Firma: Atlantic Richfield Oil Company (ARCO) Power Technologies Inc. (APTI).*[103]

1991 20.08. Das US-Patentamt erteilt dem Erfinder: Peter Koert das Patent mit der Nr. 5041834. Der Titel lautet: „Künstlicher Ionosphärenspiegel, bestehend aus einer schwenkbaren Plasmaschicht". Grundlage dieses Patentes sind die Eastlund- und Tesla-Patente.
Das Ziel ist es, einen Ionosphärenspiegel zu schaffen, den man beliebig verstellen kann. Damit wird erreicht, daß eine vom Boden abgestrahlte Hochfrequenzwelle (gemäß dem Gesetz von Einfallswinkel = Ausfallswinkel) an fast jeden beliebigen Platz der Erde gelenkt werden kann.
Patentinhaber ist die Firma: Atlantic Richfield Oil Company (ARCO) Power Technologies Inc. (APTI).[104]

1991 26.11. Das US-Patentamt erteilt den Erfindern Peter Koert und James T. Cha das Patent mit der Nr. 5068669. Der Titel: „Hochleistungsstrahlsystem".
Auch dieses Patent stammt ursächlich von Nikola Tesla und gilt der „Drahtlosen Energieübertragung". Wichtigster Grundgedanke ist hierbei die Umwandlung von Mikrowellen in Gleichstrom. So wurde z.B. im Zuge des SDI-Programms ein Flugzeug entwickelt, das 1. eine Höhe von 24.000 Meter erreicht und 2. über 10.000 Std. (i.W. zehntausend Stunden) in der Luft

---

[103] US Patentamt - US Patent Nr. 5038664
[104] US Patentamt - US Patent Nr. 5041834

bleiben kann, ohne aufzutanken. Das Flugzeug bleibt in der Luft und erhält seine Energie über einen Energiestrahl, der dann an Bord in elektrische Energie umgewandelt wird. Aus der Patentschrift: „Die Erfindung bezieht sich allgemein auf die Übertragung von Energie durch elektromagnetische Wellen zum Antrieb eines entfernten Objektes. Exakter formuliert geht es um die Erfindung eines Systems zur hochfrequenten Abstrahlung mit hoher Leistung und um eine Gleichrichtung dieser Wellen, so daß ein entferntes Objekt mit einer Gleichstromquelle angetrieben werden kann.
Patentinhaber ist die Firma: Atlantic Richfield Oil Company (ARCO) Power Technologies Inc. (APTI).[105]

1993 13.04. Das US Patentamt erteilt den Erfindern Robert W. Bussard und Thomas H. Wallace das Patent mit der Nr. 5202689. Der Titel lautet: „Fokussierender Reflektor mit geringer Masse für die Anwendung im Weltraum".
Aus der Patentschrift: „Diese Erfindung dient dazu, Leistung mit geringerem Kostenaufwand zu übertragen, als es mit Mikrowellen innerhalb der Atmosphäre möglich ist.
Der Reflektor kann dazu dienen, einen Hochleistungsmikrowellenstrahl umzulenken."
Die Anlage ist auf einen 10-Gigawatt-Strahl ausgelegt.
Patentinhaber ist die Firma: Atlantic Richfield Oil Company (ARCO) Power Technologies Inc. (APTI)[106].

---

[105] US Patentamt - US Patent Nr. 5068669
[106] US Patentamt - US Patent Nr. 5202689

1993 08.06. Das US-Patentamt erteilt den Erfindern Peter Koert und James T. Cha das Patent mit der Nr. 5218374.
Der Titel lautet: „Hochleistungsstrahlungssystem mit Bauteilen aus gedruckten Schaltungen und Resonanzhohlräumen". Das Patent bezeichnet sich als teilweise Fortsetzung der vorangegangenen Patente der beiden Erfinder. Die Lücken, die bisher noch vorhanden waren, um die Erfindung technisch umzusetzen, wurden mit diesem Patent geschlossen.
Patentinhaber ist die Firma: Atlantic Richfield Oil Company (ARCO) Power Technologies Inc. (APTI).[107]

1993 03.11. Die US Air Force veröffentlicht, daß ihr Vertragspartner für das HAARP-Projekt die Firma APTI sei.
Die Firma APTI war zu der Zeit eine Tochter der *Richfield Oil Company.* Sie hatte lediglich 25 Mitarbeiter und einen Jahresumsatz von ca. 5 Millionen US $.
APTI war eine innerhalb der Rüstungsindustrie unbekannte Firma. Eine Firma, auf die kein Verdacht fallen würde. Man würde keine schlafenden Hunde wecken. Wie eine solch kleine Firma an die Patente und an diesen gigantomanischen Regierungsauftrag kam, ist bisher nicht in allen Einzelheiten bekannt. War sie nur eine Strohfirma?

1994 08.03. Das US-Patentamt erteilt dem Erfinder: Paul G. Elliot das Patent mit der Nr. 5293176. Der Titel der Er-

---

[107] US Patentamt - US Patent Nr. 5218374

findung lautet: „Faltdipol-Antennenelement mit gekreuztem Gitter".
Das Patent stellt einen weiteren Meilenstein bei der drahtlosen Energieübertragung dar, da die Wirtschaftlichkeit mit dieser Antenne erheblich verbessert wurde. Es scheint, daß die Eastlund-Technologie nicht nur dem Militär von Nutzen sein kann, sondern auch für Wirtschaftskreise für eine finanzielle Ausbeutung mit auf Tesla basierenden Patenten interessant wird.
Patentinhaber ist die Firma: Atlantic Richfield Oil Company (ARCO) Power Technologies Inc. (APTI).[108]

1994 E-SYSTEMS, ein US-amerikanischer Rüstungskonzern, kauft APTI auf. Da APTI eine recht kleine Firma war (1993: 25 Mitarbeiter und ca. 5 mio. US $ Umsatz) und bisher in Rüstungsgeschäften kaum involviert, bleibt die Frage, ob der ganze Deal nicht von Anfang an eingefädelt war und APTI nicht herhalten mußte, um die offensichtlichen Rüstungsbestrebungen über eine gewisse Zeit zu verdecken?
Tatsache bleibt, daß nun ein US-Rüstungskonzern den weltweit größten Ionosphärenheizer baut.

1994 Der amerikanische Kongreß entzieht dem HAARP-Projekt sämtliche Gelder. Nicht, weil es die Gefahren als solche erkannt hätte, sondern die Gelder sollten solange eingefroren bleiben, bis gewährleistet sei, daß mit der HAARP-Technologie Erdtomographie möglich

---

[108] US Patentamt - US Patent Nr. 5293176

sei, sowie die Kontrolle über die Einhaltung der Atomwaffensperrverträge.

1994 Unabhängig vom Einfrieren der Gelder gehen die Tests und die Arbeit am HAARP-Projekt weiter. Woher diese Gelder fließen, ist uns bisher nicht bekannt. Beginn der Bauphase für den HAARP-Sender.

1995 Einer der weltweit größten Rüstungskonzerne, der RAYTHEON-Konzern, kauft E-SYSTEMS auf und damit die ehemaligen APTI-Patente. HAARP ist damit auch ofiziell da angekommen, wo kritische Wissenschaftler immer befürchtet haben, daß es auch in Wirklichkeit steht: „an der Spitze der militärischen Anstrengungen der Vereinigten Staaten". HAARP entlarvt sich nunmehr öffentlich als Krönung einer unheiligen Allianz von Banken, Industrie, Politik, Wissenschaft und Menschen, die im Hintergrund Fäden ziehen. Wie sonst hätte das kleine APTI diesen Vertrag bekommen können? Wie wir später sehen, waren führende Mitarbeiter von RAYTHEON bereits sehr früh an dem Projekt beteiligt. Patente wurden von Geheimdiensten zurückgehalten und und und
Trotz stetig wachsender Kritik gewährt der US Kongreß (für das nächste Jahr) weitere 10.000.000 (10 Millionen Dollar) allein für den Teil des HAARP-Projekts, der sich mit der Kontrolle des Atomwaffensperrvertrages beschäftigt.

1995 Februar/März. Offizieller Beginn des Betriebs des HAARP-Projektes.

1995 Unabhängig vom Einfrieren der Gelder gehen die Tests und die Arbeit am HAARP-Projekt immer weiter. Woher diese Gelder fließen, ist uns bisher nicht bekannt.

1995 September. Innerhalb des HAARP-Projekts wird das Patent von Peter Koert: „Künstlicher Ionosphärenspiegel, bestehend aus einer schwenkbaren Plasmaschicht" getestet.

1996 Unabhängig vom Einfrieren der Gelder gehen die Tests und die Arbeit am HAARP Projekt immer noch weiter. Woher diese Gelder fließen, ist uns bisher nicht bekannt.

1996 März: das Militär führt erste erddurchdringende Tomographien durch und kommt somit der zweiten Forderungen des US Kongreßes nach. Die eingefrorenen Gelder werden bald wohl wieder fließen. In US Unterlagen der Marine wurde bereits 1975 bekannt, daß ELF Wellen das Blutbild der Menschen verändern. 1976 wurde wissenschaftlich bewiesen das ELF Wellen das Nervensystem des Menschen schädigen. Erst mit den neuen genehmigten Geldern kann die 2. Phase des Projekts begonnen werden. Hierzu benötigt das HAARP Projekt weitere 350.000.000 DM (dreihundertfünfzig Millionen DM).

1998 Die Aufbauphase des HAARP-Projektes soll endgültig abgeschlossen sein. Beginn des Wahnsinns als Normalität.

Elektromagnetische Wellen in der Medizin

Die Elektrotherapie hat eine Jahrtausende lange Vorgeschichte. Bereits im alten Ägypten wurde der Nil-Zitterwels elektrotherapeutisch eingesetzt.
Der römische Arzt Scribonius Largus benutzte 46 nach Christus die Entladung des Zitterrochens bei Beschwerden wie Kopfweh und Gicht.

Als dann im 18. Jahrhundert die künstlich erzeugte Elektrizität ihren Siegeszug begann, waren die Mediziner hellwach. Giovani Aldini, ein Neffe Galvanis, behandelte als erster das menschliche Nervensystem mit der Elektrotherapie und konnte zumindest einen Menschen, der heute als schizophren bezeichnet würde, heilen.

Bereits 1884 waren es über 10.000 Ärzte in den Vereinigten Staaten, die sich zur Elektrotherapie bekannten.

Zum Beginn der Elektrotherapie im 18. Jahrhundert wurde schwache, aber hochgespannte statische Elektrizität verwendet (Franklinisation, Galvanisation). Benjamin Duchenne (1806-1875) war es, der die Faradisation begründete. Die Faradisation konnte hochgespannten, rasch pulsierenden Gleichstrom aus dem Induktionsapparat verwenden. Die Faradisation eines Duchenne war die erste elektrotherapeutische Methode, die eine weitgehende Modulation (Veränderung von Frequenz und Intensität) der Ströme möglich machte.

Der vielleicht wesentlichste Beitrag zur Elektrotherapie kam (fast muß man sagen: selbstverständlich) von Nikola Tesla.
Er führte die hochfrequenten Wechselströme in die therapeutische Arbeit ein. Die Anwendung von Teslaströmen fand mit den Frequenzen von 1 bis 30 Hertz statt. Aber wie so häufig, verblaßte der Name des genialen Erfinders hinter dem Namen eines anderen Wissenschaftlers. Das medizinische Anwendungsverfahren mit den Teslaströmen wurde als 'Arsonvalisation' bezeichnet, nach dem Pariser Physiker Jacques Arsene d'Arsonval (1851-1940), der Mitglied der Akademie der Wissenschaften war.

Der Begründer der Therapie, die mit gepulsten Hochfrequenzfeldern arbeitet, ist der Arzt Abraham Ginsberg aus New York. Bereits seit 1934 wird diese Methode zur Wundheilung, bei Muskelproblemen, rheumatischen Beschwerden und zur Knochenheilung eingesetzt. Das wesentliche bei dieser Methode ist, daß die Zellen Impulse bekommen, die zur Selbstheilung anregen.
Die Regenerationsfähigkeit aufgrund von elektromagnetischen Wellen ist inzwischen wissenschaftlich genügend untermauert. Die Eigenresonanz des Organismus, kann gefördert oder gestört, gebremst werden, oder man kann ihm Impulse geben. Die dafür notwendigen Frequenzen sind dabei unterschiedlich.
Schmerzzustände behandelt man in der Regel mit Frequenzen zwischen 90 und 100 Hertz, Muskelfasern lassen sich dagegen mit 10 Hertz am besten stimulieren.
Das Problem in dem Bereich ist, daß bis zum heutigen Tage die medizinischen Erfolge zwar aufgrund der langen Tradition und ihrer millionenfachen Heilerfolge empirisch als bewiesen gelten, aber aufgrund des mangelnden Wissens über „das Leben, das

jeder Zelle innewohnt," noch nicht endgültig die schulwissenschaftliche Anerkennung gefunden wurde. Ein entscheidender Schritt in dieser Richtung dürfte die Biophotonenforschung des deutschen Professors Popp sein.

Die ELF-Therapie

Es war der deutsche Arzt Ernst Hartmann, der in den 50er Jahren über 2000 Patienten mit Kippschwingungsfeldern im Bereich zwischen 1 und 20 Hertz behandelte und die Ergebnisse auswertete.
Er war es, der aufgrund seiner enormen Erfahrungen feststellte, daß im unteren Frequenzbereich zwar in Sekundenschnelle eine entzündungshemmende Reaktion eintritt, aber auch eine krampferregende Wirkung - er war also in der Lage, aufgrund seines Einsatzes von ELF-Wellen mit niedriger Frequenz beliebig Krämpfe hervorzurufen. Diese konnte er wieder auflösen, indem er den Frequenzbereich erhöhte. Höhere Frequenzen, so stellte er fest, sind krampflösend, aber dafür entzündungserregend. Er stellte aber auch fest, daß bei der Behandlung der Konstitutionstypus des Patienten berücksichtigt werden müsse. Bei unterschiedlicher Reaktionslage seien die unterschiedlichen Frequenzen wirksam.

Anfang der 60er Jahre entwickelte Anton Priore in Bordeaux, Frankreich, die sogenannte Priore-Maschine. Diese ist in der Lage, eine Reihe von Strahlen zu erzeugen, die fähig sind, lebendes Gewebe für therapeutische Nutzanwendung zu durchdringen, ohne daß sie dieses biologische Gewebe oder seine Enzyme zerstören. Entwickelt wurde somit eine recht bedeutende Technologie, der in der Krebsbehandlung große Bedeutung zukommt. Es ist ein Gerät zur biologischen Informationsübermittlung. Der Sekretär der Französischen Akademie der Wissenschaften, Robert Courrier, war von der Maschine sehr

angetan. Er förderte sie, wo es nur ging, und wurde dafür von amerikanischen Kreisen sehr angegriffen.
Amerika, so muß man feststellen, mauerte völlig, was diesen Durchbruch in der Krebstherapie betraf.
Amerikanische Kreise versuchten, die Entwicklung, wo es nur ging, zu diskreditieren; Gerüchte wurden gestreut, Falschmeldungen plaziert.
Die US-Marineforschung nahm sich des Gerätes an und ließ es unter Dr. J.B. Batmans Leitung überprüfen. Batman kam zu dem Ergebnis, es sei nicht notwendig, finanzielle Mittel für den weiteren Ausbau der Maschine bereitzustellen, da das bisherige System bereits erfolgreich zur Krebsbehandlung geeignet sei. Also das war jetzt kein Druck- oder Verständigungsfehler. Das war die offizielle Begründung. Der Auftrag war herauszufinden, ob Geldmittel zur Verfügung gestellt werden sollten, zwecks Weiterentwicklung. Das erschien Batman nicht notwendig. Also wurde das System nicht weiterentwickelt, aber auch der Nachbau der Maschine wurde nicht ermöglicht.[109]
Der amerikanische Nobelpreisträger Dr. William Phelps Alles, Massachusetts Institute of Technology M.I.T. (er ist einer der wichtigsten amerikanischen Plasmaphysiker), und Dr. Jean Cartoiu wollten Antoine Priore zu einer Gastprofessur ins M.I.T. einladen. Aufgrund von Intrigen mußte die Berufung aufgegeben werden.

---

[109] Batman: Microwave magic. Office of Neval Research, London, ONLR C-14-77, 1977; Staging the Perils of Nonionizing Waves. European Scientific Notes ESN 32-3-85-88, 1978; A Biologically Active Combination of Modulated magnetic and Microwave Fields: The Priore Machine. ibid. Report Number R-5-78,1978

Dieser Vorgang ist typisch für die diskreditierende Gerüchtepraxis. Federführend waren hier S.E. Luria und die „nichtmilitärische wissenschaftliche Gesellschaft in den Vereinigten Staaten“. Aber auch so honorable Persönlichkeiten wie Sir Alexander Haddow vom Krebsforschungsinstitut Chester Beatty, GB, ließen sich von interessierten Kreisen benutzen.

Das Priore-Gerät wurde auf vielfältige Weise getestet, mit folgenden Ergebnissen:

- Makroskopisches Verschwinden von Lymphknotenmetastasen bei Ratten. Diesen Ratten wurden vorher Uterus-Carcinom implantiert.

- 100% aller Ratten wurden zu 100% geheilt, nachdem sie vorher mit Krebs geimpft worden waren - 100% der Ratten, die in der Kontrollgruppe waren, starben innerhalb eines Monats.

- Das problemlose Absenken zu hohen Cholesterinspiegels bei Kaninchen.

- Überleben von Mäusen, die mit einer an sich tödlichen Dosis von Trypanosomum equiperdum (Pferdeschlafkrankheit) injiziert wurden.

- Das vielleicht bedeutungsvollste Ergebnis: Die Bestrahlung durch die Priore-Maschine stärkte das Immunsystem und ging nicht direkt gegen die injizierten Krebszellen an. Die Immunität blieb für einen langen Zeitraum bestehen und konnte durch Bluttransfusionen übertragen werden.

Wie funktioniert das? Diese Frage versuchte der bereits mehrmals zitierte Wissenschaftler Thomas E. Bearden zu klären. Er analysierte das Gerät sehr ausgiebig und kam zu dem Ergebnis, daß es „Interaktionen im 'Virtual'-Neutrinofeld erzeugt. Er gliedert die Maschine wie folgt:

a) eine spezifisch gemusterte, vielkanalige Modulation, welche von höheren Frequenzen abgeleitet wird.

b) ein Intermodulationsträger (in starken magnetischen Feldern bis hinauf zu 1240 Gauß), von niederen Frequenzen abgeleitet.

c) einen Primärträger.

Was dann aus dem Gerät herauskommt, sind induktionsstarke Komplexe von 'nested'-Modulationen (Seitenbanden), welche eine starke Resonanz auf Zellen ausüben. „Priore gebraucht genestete Ordnungen von Modulationen, um genestete Ordnungen des tatsächlichen Zustandes und höherer räumlicher Dimensionen zu beeinflussen, und dies in einer direkten Beziehung." Soweit Thomas E. Bearden - alles klar? Aber Bearden schafft es normalerweise, komplexe Thematiken zu beschreiben, von deren Vorhandensein man selber bis zu diesem Zeitpunkt nichts wußte - und das so, daß man ihn versteht. So bei seinen Büchern: 'AIDS' und 'Scalar-Technologie'.[110]
Der Bestseller-Autor Christopher Bird[111] nennt Antoine Priore einen der ganz großen, intuitiven Wissenschaftler. Bird kommt

[110] Quelle: Bearden, Hyperspaces, Neutrinos, Virtual States, and Modulations. Specula. V.2, No. 3, 1979
[111] Bird, Das geheime Leben der Pflanzen, Fischer TB

zu dieser Bewertung, nachdem er den Physiker über einen Zeitraum von mehreren Wochen in seinem Laboratorium beobachtet hat.
Die Erfindungen sind inzwischen durch Patente geschützt. Das französische Patent trägt die Nr. 1.342.722, und in Amerika wurden 2 Patente vergeben - einmal die Nr. 3.280.816 und einmal 3.368.155. [112]

Ein anderer Pionier, der deutsche Biophysiker Wolfgang Ludwig, brachte 1970 eine von ihm entwickelte „Vitasette" auf den Markt. Die „Vitasette" dürfte das erste ELF-Therapiegerät gewesen sein, das serienmäßig gebaut wurde.

Inzwischen gibt es eine Vielzahl von handgroßen Geräten unterschiedlicher Firmen auf dem Markt, die im Umkreis von einem Meter ein pulsierendes elektromagnetisches Wechselfeld erzeugen. Die Pulsfrequenz bei diesen Geräten ist frei einstellbar und liegt im Bereich der Gehirnwellenfrequenzen.

Die positiven Anwendungen sind sehr weitreichend. Aus der Weltraumforschung wissen wir, daß die ELF-Wellen-Generatoren, so der Begriff für die kleinen Geräte, eingesetzt werden, um das neurologische System der Astronauten zu manipulieren. In den Raumkapseln wird ein natürliches Feld simuliert, wie es der Organismus braucht.
Für den alltäglichen Gebrauch werden sie benutzt, um störende elektromagnetische Felder physiologisch zu vermindern. Das für den Organismus förderliche ELF-Feld, das die Geräte erzeugen, übertönt somit andere Frequenzen.

---

[112] französisches und US Patentamt

Es war der amerikanische Elektroingenieur William Bise, der sein Gerät „Magnetic Pacer“ ausdrücklich als Gegenmaßnahme zu den sowjetischen Einstrahlungen entwickelte - der Mensch sollte nicht mehr hilflos den Manipulationen ausgesetzt sein.

Hier nun noch ein Auszug aus den Unterlagen eines Geräteherstellers eines dieser ELF-Therapiegeräte:

- 1,0 Hertz (hohe Deltawellen) gegen Schlafstörungen (Tiefe Thetawellen nahe 5 Hertz sind als Unlustfrequenzen bekannt und werden daher nicht in der Therapie eingesetzt)

- 7,8 Hertz (hohe Thetawellen) gegen Konzentrationsmangel

- 10 Hertz (tiefe Alphawellen), stabilisierend für Nervensystem und Kreislauf. Bei schweren Reizzuständen, Narbenschmerzen, Rheumaschmerzen, Arthrosen, allergischen Reaktionen, Asthma bronchiale ...

- 33 Hertz (hohe Betawelle), aufbauend zur Unterstützung bei schweren chronischen Krankheiten.

In diese Aufzählung gehört natürlich auch noch das russische Lida-Gerät, nur nachdem wir es bereits an anderer Stelle ausführlich vorgestellt haben, gehen wir hier nicht weiter darauf ein.

No HAARP Alliance

Der Arbeitskreis Elektrosmog des Bunds für Umwelt und Naturschutz Deutschland e.V. (BUND) hat eine NO HAARP ALLIANCE gegründet.

Erstes Ziel der Arbeitsgruppe wird die Erstellung eines HAARP-Papiers sein, wobei in einem Kapitel die Stellungnahmen von Wissenschaftlern und Fachleuten veröffentlicht werden sollen.
Die NO HAARP ALLIANCE lädt deshalb alle Wissenschaftler ein, ihre Meinung über das HAARP-Projekt in einem zwei bis drei Seiten langen Beitrag niederzuschreiben. Die NO HAARP ALLIANCE weist darauf hin, daß sie nur Artikel mit der vollständigen Adresse der Autoren berücksichtigen kann.
Die Texte sollen anschließend verlegt und in verschiedene Sprachen übersetzt werden.
Das geplante Papier will einen umfassenden Überblick über das HAARP-Projekt in all seinen Zusammenhängen geben. Neben technischen Daten sollen Mißbrauchsmöglichkeiten des Heizers, Erklärungen der Umweltschützer von Alaska, juristische und völkerrechtliche Aspekte und vieles andere mehr in dem Papier aufgenommen werden.

Wenn Sie der NO HAARP ALLIANCE Ihre Stellungnahme zukommen lassen möchten, schicken Sie diese mit Angabe Ihrer vollen Adresse an:

Bund für Umwelt und Naturschutz Deutschland BUND
Arbeitskreis Elektrosmog, NO HAARP ALLIANCE
Rhumeweg, 3
14163 Berlin

Der Verlag sucht ebenfalls weitere Stellungnahmen und Informationen und bittet um Zusendung einer Kopie. Ebenfalls freuen wir uns auf entsprechende Literaturhinweise und Kopien von Pressemeldungen, da wir ein umfangreiches Archiv anlegen wollen zu dem gesamten Themenkomplex.

Michaels Verlag
Sonnenbichl 12
86971 Peiting
Fax.: 08861 67091

Desweiteren gibt es einen Zusammenschluß der Mobilfunkkritiker, die u.a. mit dem Mittel des Bürgerbegehrens/ Bürgerentscheides gegen die gesundheitlichen Risiken der digital gepulsten Frequenzen des Mobilfunks vorgehen. Der Zusammenschluß zahlreicher Initiativen trägt den Namen: Bürgerwelle. Die Bürgerwelle erreicht man in Deutschland unter der Telefon-Nr.: 0881-95091 Franz Harbers in Seeshaupt/Obb. oder über Internet: http:\\www.buergerwelle.artishock.de

Der CIA Sender in Deutschland

Der US-amerikanischen Regierung dürfte schon bald der Name des kleinen oberbayerischen Dorfes Valley ein Begriff sein. Denn ein kleines unbeugsames Dorf befindet sich im Widerstand gegen die US-Regierung und gegen US-Technologie.
Worum geht es?
Der Radiosender „Radio Free Europe“ sendet von dem kleinen, malerischen Dorf aus in den Osten Europas. Der Sender war ein Sender des „Kalten Krieges“ und wichtig für die US-Geheimdienste, die mit dem Sender aufs Engste verknüpft sind. Laut „DIE MACHT 1“[113] gehören dem CIA verschiedene Sender, u.a. auch Radio Liberty, Radio Swan, Radio Freies Europa ...
Die Gemeinde will gegen die übermächtig erscheinende US-Administration klagen. Der CSU-Bürgermeister des Ortes, Josef Huber, will, nachdem sein Gemeinderat dies beschlossen hat, einen amerikanischen Anwalt einschalten und Verfahrensschritte prüfen lassen. Er geht davon aus, daß auch die umliegenden Gemeinden der Klage beitreten.
Der Propaganda- und Störsender war immer schon Ausdruck einer unbeschreiblichen Arroganz der USA während der Zeit des Kalten Krieges. Nun, viele Jahre später, ist er nur noch ein Relikt, eine propagandistische und eine reale Dreckschleuder.
Unterschriften in allen angrenzenden Orten werden gesammelt (Holzkirchen, Weyarn, Warngau). Unterschriftslisten liegen u.a. in den Rathäusern aus.

---

[113] Die Macht I, 1997, Edition Jonathan May,
ISBN 3-89539-069-0

Der Vorsitzende der Initiative „Sender-Freies-Oberland“ G.P. führt an, worum es bei diesem Kampf geht:
„Es gibt keine exakten Studien über die Gefährlichkeit der Elektromagnetischen Strahlungen.“
„Schlafstörungen und Gliederschmerzen“ werden angeführt, und auf die überdurchschnittliche Häufigkeit von Krebserkrankungen in der Umgebung wird hingewiesen.[114]

Dazu gibt es zu sagen, daß es natürlich längst wissenschaftliche Untersuchungen gibt, die die Gefährlichkeit belegen. Sei es beim Einsatz von Handys, sei es beim Einsatz von Elektromagnetischen Wellen zwecks „Bewußtseinskontrolle“. In Amerika gibt es erste Gesetze bezüglich „Elektromagnetischen Strahlenwaffen“. Wetterkontrollprogramme in den Vereinigten Staaten basieren auf der Technologie Elektromagnetischer Wellen. Delanos Experimente mit Magnetfeldern, die mit sehr niedrigen Energien und tiefen Frequenzen gepulst werden und Hühnerembryone erheblich schädigen, werden von der US-Marine in großen Testreihen nachvollzogen und bestätigt.[115] Die US-Marine führte diese Tests bereits 1986 unter der Bezeichnung „Project Henhouse“ durch.
In dem oben genannten Werk werden zahlreiche Experimente beschrieben, die bereits 1976 durchgeführt wurden. Spätestens seitdem ist es schulwissenschaftlicher Erkenntnisstand: Elektromagnetische Wellen beeinflussen das menschliche Nervensystem.

---

[114] Nürnberger Nachrichten 25.3.97
[115] Siehe Robert O. Becker: Cross Currents: The perils of Electropollution. The Promise of Electromedicine, Jeremy Tarcher, Los Angeles 1990

So übermächtig die Betreiber des gewaltigen US-Senders (1,15 Milliarden Watt) auch sein mögen, so auswegslos der Kampf der Menschen im Landkreis Miesbach auch erscheinen mag, erste Erfolge wurden erreicht. Auf Anordnung des Bundesamtes für Telekommunikation mußten Warnschilder angebracht werden mit dem Text: „Gefahrenbereich Herzschrittmacher".
Nachdem Handys mit ihrer relativ schwachen Sendeleistung bereits im Dauergebrauch erhebliche Konzentrationsstörungen verursachen und in Flugzeugen und OPs nicht mehr zugelassen werden, haben die Menschen in der Region eine reale Chance in dieser Auseinandersetzung. Unterstützung dürften die Menschen durch den Zusammenschluß zahlreicher Initiativen zur „Bürgerwelle" erhalten, die auf die Gefahren von „digital gepulsten elektromagnetischen Wellen" hinweist und zahlreiche Bürgerbegehren gegen den ungebremsten Ausbau der Technologie initiierte.

Etwas Brisantes am Rande: 1984 starben bei einem Tornadoabsturz zwei Piloten. Das Flugzeug stürzte in unmittelbarer Nähe des Senders ab. Ein Untersuchungsbericht des Deutschen Bundestags gab den Strahlen des Senders eine Mitschuld an der Absturzursache.
An was erinnert uns das?
Absturz von Flugzeugen durch Strahlen.
Ach ja natürlich, an die Technologie des HAARP-Projekts.
Eine seiner Aufgaben ist es, gerade die Elektronik bei Flugzeugen zu stören und zum Ausfallen zu bringen. Aber natürlich nicht nur bei Flugzeugen. Die HAARP-Technologie ist darauf angelegt, auch großflächig Elektronik zum Erliegen zu bringen.
Die Reduzierung auf Flugzeuge hat seine Ursachen hauptsächlich im militärischen Charakter des Projekts.

Es ist davon auszugehen, daß großflächiger Stromausfall und unerklärliche Flugzeugabstürze häufiger vorkommen werden. Unerklärliche Flugzeugabstürze? Nun, wenn die Ursachen bekannt würden, würde über die Strahlenexperimente der Geheimdienste, der Militärs und des HAARP-Projekts diskutiert und ein größeres Bewußtsein über die Gefahren und Möglichkeiten von Strahlungsenergien entstehen.

Ich möchte an dieser Stelle nochmals auf das US-Patent Nr.5038664 hinweisen:

Das US-Patentamt erteilt dem Erfinder Bernhard J. Eastlund am 13.8.91 das Patent mit der Nr. 5038664. Der Titel lautet: „Verfahren zum Erzeugen einer Hülle mit relativistischen Teilchen in gewisser Höhe über der Erdoberfläche". Diese Erfindung dient der Entwicklung einer Teilchenstrahlenwaffe zur Vernichtung von Flugkörpern.

Das Neue an dieser Strahlenwaffe ist, daß nicht mehr gezielt werden muß. Es wird ein Feld dieser Teilchen erzeugt, und bei jedem Flugobjekt, das in dieses Feld hineingerät, fällt sofort jegliche Elektronik aus.

Aus der HAARP-Patentschrift: „... das so erzeugte Feld kann als Flugabwehrschild verwendet werden. Die hochenergetischen, relativistischen Teilchen treffen auf das hereinkommende Objekt, das infolge der Stoßenergie beschädigt und zerstört wird". *Patentinhaber ist die Firma: Atlantic Richfield Oil Company (ARCO) Power Technologies Inc. (APTI)*[116]

---

[116] US Patentamt Patentamt Nr. 5038664

Strahlenwaffen im Blätterwald

Hier nun zwei kurze Pressemeldungen aus einer Vielzahl von Nachrichten. Wir haben uns für die BILD-Zeitungsartikel entschieden, da ja BILD nicht dafür bekannt ist, ein „linkes Kampforgan etc." zu sein und sich in den Jahren seines Bestehens nicht als besonders systemkritisch hervorgetan hat.

„Elektro-Kanone HERF lähmt Computer und stoppt Autos"

Sie knipsen den Gegner aus.
Der britische Geheimdienst sorgt sich um eine neue Super-Waffe: die Hochfrequenz-Kanone (HERF).
Sie verschießt elektromagnetische Wellen, braucht keine Munition, nur Strom.
Die gebündelten Strahlen können Computer, Autoelektronik, möglicherweise sogar Flugzeuge beeinflussen.
Bei einer Demonstration in Schweden staunten die Anti-Terror-Experten:
Über eine Entfernung von 100 Metern gelang es HERF, ein Auto zu stoppen. Die Elektro-Strahlen schalteten die Elektronik aus. Kleine, tragbare Kanonen sollen auf dem Weltmarkt schon für DM 2.500,-- zu haben sein.
Gelangt so eine Waffe in die Hand von Terroristen und Gangstern, die Folgen wären leicht auszumalen. Entführungen, Attentate, Überfälle. Mit der Strahlen-Kanone könnten zum Bei-

spiel Politiker-Limousinen und Geldtransporte willkürlich gestoppt werden.«[117]

Tödlicher Schall! Akustik-Gewehre Waffen der Zukunft?

Welche schreckliche Vorstellung. Die USA entwickeln neue Geheimwaffen, die allein mit Lärm Menschen verletzen oder sogar töten können, so der US-Schriftsteller William M. Arkin.
Die Akustikgewehre, -bomben und -minen werden bereits in 20 Labors und Stützpunkten der US-Armee getestet.
Sie haben je nach Frequenz unterschiedliche Auswirkungen auf den Menschen. Niedrige Lautstärken (90 bis 120 Dezibel) verursachen innere Blutungen und schwere Störungen. Intensivere Strahlen bis 150 Dezibel bewirken starke körperliche Verletzungen und Schädigungen des Gewebes. Die höchste Lautstärke von 170 Dezibel wirkt tödlich. Arkin: 'Akustikwaffen könnten im nächsten Jahrhundert die nächsten Hauptwaffen werden.«[118]

---

[117] *BILDzeitung vom 27.5.97*
[118] *BILDzeitung 9.12.97*

Ein Buch und doch kein Buch

Wie es in Deutschland mit der Freiheit der Lehre und der Wissenschaft aussieht, soll nur dieses kleine, folgende Beispiel zeigen.

Es gibt in Amerika ein faszinierendes Werk von enormer Bedeutung.

"Radiofrequency Radiation Dosimetry Handbook"[119]

Das Buch faßt Forschungsergebnisse aus 50 Jahren zusammen. Es liefert die mathematischen Grundlagen zur Berechnung der Strahlendosen, die Veränderungen bei Menschen und Tieren bewirken. Es besitzt eine 29seitige Bibliographie und ist weltweit das einzige Nachschlagewerk dieser Art. Dieses Buch und die ihm zugrunde liegenden Forschungsergebnisse bilden die gedankliche und theoretische Basis für die modernsten elektromedizinischen Geräte. Das Militär ist jedoch nicht an Heilung interessiert, sondern an Kampfunfähigkeit bis Tod. Einen gewichtigen Teil des Materials zu diesem Buch lieferte der Deutsche Herman P. Schwan, der an wissenschaftlichen Forschungsprojekten der Nazis beteiligt war, in die USA geholt wurde, von 1957 an als Top-Secret-Geheimnisträger in den

[119] "Radiofrequency Radiation Dosimetry Handbook"
Herausgegeben von der „Schule für Raumfahrtmedizin der US Air Force, Brooks Air Force Base, Texas, Oktober 1986 (!!!)
Durney, Carl. H.

Biological Warfare Laboratories in Fort Detrick, Maryland, gearbeitet hat. Stichwort: athermische Wirkungen. Auch viele Forschungsergebnisse des spanischen Gehirnforschers Jose M. Delgado flossen in das Buch ein.

Nun, dieses einmalige Werk ist im wahrsten Sinne des Wortes kein einmaliges Werk, sondern nur ein viertelmaliges Werk. Nirgendwo in Deutschland, in keiner Buchhandlung, in keiner öffentlichen Bibliothek, in keiner Wissenschafts-/Unibibliothek kennt/hat man dieses Werk. In keiner? Nicht ganz, die Unibibliothek in Köln hat das Buch. Dieses Grundlagenwerk gibt es also in Deutschland genau einmal, und es ist somit einmalig. Aber welch ein Schrecken, wenn man das Buch in Köln per Datenträger-Fernausleihe bekommt, stellt man fest, es ist nur ein Teil des gesamten Werkes. Auch auf Nachfrage bei der zuständigen Stelle bekommt man nur den Hinweis, „man habe selber nur den ausgeliehenen Teil".

Nun, und so ist aus unserem deutschen Land aus einer Einmaligkeit eine Viertelmaligkeit geworden.

Armes Deutschland!

Lichtgeschwindigkeit überschritten!

Jetzt spätestens höre ich schon die skeptischen Kritiker sagen: Jetzt entlarvt er sich wirklich als Spinner. Aber ich muß diese Kritiker enttäuschen. Dem ist nicht so. Warum ich das Kapitel überhaupt hier noch angehängt habe, ist einfach. Zum einen ist auch dieser Bereich einer, der noch viel zuwenig diskutiert wird, da hier Einstein geopfert werden muß. Zum anderen haben die „Kölner Ergebnisse" und der „Tunneleffekt" sehr wohl auch etwas mit Bearden zu tun, und desweiteren fließen die Ergebnisse der Forschungsarbeiten des Prof. Dr. Günter Nimtz in den Bereich herein, von denen wir im Kapitel „HAARP - Montauk" berichtet haben. Mit der Überlichtgeschwindigkeit und dem Tunneleffekt ist der Schlüssel für Zeitexperimente von den Militär-, Geheimdienstkreisen jetzt „rübergeschwappt" auf die Schulwissenschaft der Unis.

Worum geht es nun in bei den Kölner Ergebnissen?
Hier einige Ausschnitte aus dem *Kölner Universitäts-Journal:*[120]
„In der Quantenphysik passieren seltsame Dinge. Teilchen können durch den Tunneleffekt Barrieren überwinden, die gemäß der klassischen Physik für sie eigentlich undurchdringlich sein sollten. Mit welcher Wahrscheinlichkeit das geschieht, läßt sich mit der Schrödinger Gleichung berechnen. Auf die Frage, mit welcher Geschwindigkeit die Quantenobjekte Barrieren durchqueren und wie lange sich die „tunnelnden" Teile in einer Barriere aufhalten, gibt es dagegen keine allgemein akzeptierten Antworten. Sie aber wären hilfreich bei der Beschreibung

---

[120] Kölner Universitäts-Journal 3-1995

mikroelektronischer Bauelemente, die wie die Tunneldioden auf dem Tunneleffekt beruhen.
Mittlerweile haben Experimente gezeigt, daß unter bestimmten Bedingungen Geschwindigkeiten auftreten, die ein Vielfaches der Lichtgeschwindigkeit betragen...
... Bereits vor einigen Jahren hatten die theoretischen Physiker die formale Analogie zwischen dem Tunneln von Quantenteilchen und von elektromagnetischen Wellen durch Barrieren aufgegriffen. Die Forscher um Günter Nimtz von der Universität Köln konnten nachweisen, daß Mikrowellen mit bis zu 4,7facher Lichtgeschwindigkeit durch Barrieren tunneln. Diese Experimente bestätigen Rechnungen von Th. Hartmann aus dem Jahre 1962."
Hartmann hatte gezeigt, daß, je breiter die Hindernisse sind, die die Welle zu durchqueren hatte, desto schneller legt sie die Strecke zurück.
„Bei einem genügend breiten Hindernis sind dann höhere Geschwindigkeiten als die des Lichts möglich."
US-amerikanische Forscher um den Physiker Raymond Chiao von der Berkeley Universität in Californien haben die Beweise für Lichtquanten angetreten. Sie ließen zwei Lichtquanten auf einer gleichlangen Strecke einen Wettlauf austragen. Das Photon, das durch ein Hindernis tunneln mußte, war vor dem anderen Photon am Ziel und erreichte eine 1,7fache Lichtgeschwindigkeit.
Kritiker bestehen weiterhin auf der Aussage, daß die Wirkung einer Ursache sich nicht schneller als mit Lichtgeschwindigkeit ausbreiten kann, gemäß Albert Einsteins Relativitätstheorie. Und wirklich, eine genaue Analyse der amerikanischen Experimente zeigt: nicht alle Signale konnten mit Lichtgeschwindigkeit übertragen werden. Nur ein Teil der Schwingung kam durch

den Tunnel, der zwar mit dem Faktor 1,7 mal schneller war als das Licht, aber es scheint Einsteins Relativitätstheorie nicht zu widersprechen, wenn nur ein kleiner, vorher nicht zu definierender Teil schneller als das Licht ist. Die Gesamtheit wurde eben nicht mit Überlichtgeschwindigkeit transportiert.
Man muß sich das so vorstellen: Die Welle hat die Form eines kleinen Hügels. Dieses Wellenpaket zieht sich durch die Geschwindigkeit in die Länge. Den Wellenberg als Ganzen konnten die amerikanischen Wissenschaftler nicht mit Überlichtgeschwindigkeit bewegen, aber durch die Dehnung des Wellenpaketes kam ein Teil durch das „Tunneln" eben wesentlich (1,7 fach) schneller ans Ziel.
Die aufgescheuchten Wissenschaftler waren wieder beruhigt, ihr System und ihr Weltbild war kurzfristig in Ordnung. Einstein blieb ungestürzt. Plötzlich wurde auch auf breiter Front erkannt: „Die Physiker kennen mehrere Geschwindigkeiten, die größer als die Lichtgeschwindigkeit sein können, ohne daß das Kausalitätsprinzip verletzt wird."
Also: Teile können schneller sein, das Ganze jedoch nicht.
Was da schneller ist, läßt sich nicht vorher festlegen, das meiste bleibt (noch) auf der Strecke.

Tja, und dann kommt das hochkarätige Forscherteam aus Köln und überträgt die komplette 40. Symphonie von Wolfgang Amadeus Mozart mit 4,7facher Lichtgeschwindigkeit - und nichts blieb auf der Strecke, kein Signal, kein Impuls, nichts. Alles kam komplett an. „Sie überlagerten die Mikrowelle mit der Tonfrequenz des Musikstückes - ein Verfahren, das auch beim Rundfunk verwendet wird - und konnten so die Symphonie hinter der Barriere wiedergeben."

Alle Zitate stammen aus dem Kölner Universitäts-Journal 3-1995. Das Universitäts-Journal druckte einen Artikel von der Frankfurter Allgemeinen Zeitung vom 7. Juni 1995 ab, die dort auf den Wissenschaftsseiten erschienen war, der Autor: Christoph Ettel.

Notwendige Diskussion

Aus all dem hier Gelesenen gilt es nun, die Konsequenzen zu ziehen. Eine der für mich wichtigsten Konsequenzen ist die dringend anstehende Diskussion. Sei es das Gespräch mit Freunden oder am Arbeitsplatz, sei es das Gespräch mit seinen politischen Vertretern.
Das Thema HAARP und elektromagnetische Strahlenwaffen, das Thema Bewußtseinskontrolle durch ELF-Wellen, das Thema Mobilfunksendemasten und was das für die Gesundheit aller lebenden Organismen bedeutet, muß auf allen Ebenen diskutiert werden, bei den Wissenschaftlern, bei Politikern, in den Schulen und Universitäten.
Das Wissen eines Nikola Tesla darf nicht mehr ignoriert werden, sondern aus dem zunehmenden öffentlichen Wissen um die Gefahren und aber auch Möglichkeiten (siehe nächstes Kapitel) müssen Handlungen folgen.
Es gibt bereits zig-Initiativen zum Thema Mobilfunk und Elektrosmog, es hat sich die ANTI-HAARP-ALLIANCE gegründet. Jetzt sind alle Menschen aufgerufen, sich in den bestehenden Initiativen zu engagieren. Bei der Bürgerwelle und bei der ANTI-HAARP-ALLIANCE des BUND kann man mit Sicherheit Referenten zu den Themen erfragen. Sprechen Sie Ihren Homöopathen, ihren Heilpraktiker oder ihren Arzt vor Ort an, was er über die Heilmöglichkeiten und aber auch die Gefahren von elektromagnetischen Wellen - von Informationsübermittlung - weiß.
Sie werden erstaunt sein, welches Wissen schon zu dem Thema vorhanden ist.

Was aber kann ich selber tun, für mich, um mich gegen die Strahlen zu schützen?
Nun, es gibt da verschiedene Geräte im Handel, die Strahlen umleiten, und aus dem Träger eines solchen Gerätes wird sozusagen eine Art Tarnkappenbomber. Einer der bedeutendsten amerikanischen Wissenschaftler hat ein solches Gerät entwikkelt, Patrik Flanagan.

Dann gibt es aber auch noch eine Vielzahl anderer Möglichkeiten, angefangen bei einem Bergkristall, der einen gewissen Grad an schlechten Energien von seinem Träger fernhält, über kleine Pyramiden, über „Teslauhren" ...
Nun bekanntlich versetzt Glaube ja auch Berge, sicher ist, daß es viele Mittel gibt, die absolut gar nichts nützen, daß es viele Mittel gibt, die bei geringer Strahlenmenge etwas nützen, was aber oft schon wieder kaum meßbar ist.
Es gibt Möglichkeiten, seinen ganzen Bioorganismus auf eine erhöhte Schwingungsebene zu versetzen wie es zum Beispiel Bob Frissell in seinem Buch: „Zurück in die Zukunft" beschreibt.
Ich denke mir, neben der politischen Arbeit schadet es mir sicher nicht, ein kleines Kreuzlein und einen kleinen Bergkristall bei mir zu tragen. Darüberhinaus denke ich, ist es wichtig, seine Individualität, sein wirkliches ICH zu stärken. Dazu finden wir die Grundübungen bei Rudolf Steiner: „Wie erlangt man Erkenntnis höherer Welten" - das sind sicher Übungen, durch die man, wenn man sie praktiziert, einen gewissen Schutz vor Manipulationen erfährt.
Der vielleicht weitestgehende Schutz aber ist das stetige Bemühen um das eigene Wachsen, um das stetige Wachsen sei-

ner eigenen Liebesfähigkeit. Die Kräfte, die hinter einem jeden Krieg stehen, die Kräfte die krankmachende Impulse versenden wollen, die Kräfte, die das Wetter manipulieren wollen, die Kräfte, die Strahlenwaffen entwickeln, und die bedenkenlos bereit sind, Mensch und Natur ihren Profiten und ihrer Machtgier zu opfern - ihnen begegnet man am besten in aller Ehrlichkeit, in aller Offenheit und Angstfreiheit. Die Liebe ist es, die die Macht besiegen wird. Nur Liebe ist immer tätig. Wir sind aufgerufen, tätig zu werden und in Freiheit zu handeln.

Nachfolgend kommen vier verschiedene Autoren zu Wort.

- **Garry Vassilatos,**
- **Jim Keith**
- **Nikola Tesla**
- **Bearden.**

VASSILATOS

Die VLF- und ELF-Technologie des Militärs

Die Interferenzen

Die Entwicklung von EMP-Techniken (EMP = Elektromagnetischer Impuls), die in der Ionosphäre wirken sollten, um die Bedrohung durch einen feindlichen atomaren Angriff abzuwehren, veranlaßten die Führung des Militärs, daß unzerstörbare Kommunikationssysteme entwickelt werden sollten. Der Einsatz von EMP-Effekten als taktischer "Erstschlag" repräsentierte neue Waffen, die die Entwicklung von neuen und sicheren Kommunikationssystemen erforderte. Die Geophysiker und die Radioingenieure wußten, daß ausreichend ausgestattete EMP-Waffen einen großen Bereich von Kommunikationskanälen zerstören konnten. Dabei war man jedoch von der Ionosphäre abhängig. Bestimmte Kanäle würden völlig vernichtet werden. Die vom Militär im Weltraum durchgeführten Projekte ARGUS und STARFISH zeigten, daß aufeinanderfolgende, kleine, aber gut plazierte Atomexplosionen Kommunikationssysteme für mehrere Monate lahmlegen konnten. Die RADAR-EMP-Effekte konnten diese Zustände ebenfalls verursachen, ohne daß eine Atomexplosion gezündet werden mußte. Da die Ionosphäre selbst die immer wieder auftretenden Störungen verursachte, lag der Schlüssel für die Entwicklung eines nicht störbaren Radiosystems sicherlich bei einem Gerät, das von den Zuständen der Ionosphäre nur geringfügig abhing. Es sollte demnach ein "unbesiegbares" Radiosystem sein.

Die VLF-Stationen, exakte Duplikate der VLF-Systeme Marconis, waren durch die vierzigjährige Militärforschung verbessert worden. Sie wurden vorwiegend in den Forschungslaboratorien der Marine, den Anforderungen der Seeflotte entsprechend, neu entworfen. Aus diesen Systemen entstanden

dann die riesigen Radiowellenapparate, die einen sehr hohen Wirkungsgrad besaßen und die auch heute noch im Einsatz sind. Genaue Untersuchungen dieser Stationen offenbaren die Enge, mit der sich das Militär an das Wellenradio von Marconi bindet; wie es den alternierenden Radioströmen vertraut, die sowohl den Wirkungsgrad dieser Technologie als auch den Gedanken der Organisatoren im Militär einschränkten. Die riesigen Kraftwerke, die Frequenzgeneratoren, die enormen Kondensatorenräume, die geologisch miteinander verbundenen Antennen und die großen Flächen, die auf der Erde für die Einrichtungen benötigt werden, das sind alles Erscheinungen, die ihren Ursrpung bei Guglielmo Marconi finden. Er war Vater des unwirtschaftlichen Wellenradios.
Denkt man an die Ausmaße und an die notwendigen hohen Leistungen, die für den Betrieb dieser Systeme notwendig sind, so kann man den Widerwillen Teslas verstehen, mit dem er diese betrachtete. Tesla hatte bereits den effektiven Bereich und die Grenzen der Wellenradiotechnologie in jedem Frequenzband abgeschätzt. Er sprach immer wieder von der Strahlungsenergie, die allem Anschein nach nur er alleine freisetzen konnte. Die Geschichte der VLF-Technik beginnt nicht mit Projekten wie SANGUINE. Sie beginnt mit Marconi und all denjenigen, die von seinen mittelmäßigen und durchwegs gestohlenen Errungenschaften angezogen und gefesselt worden waren.

Trotz der Tatsache, daß in den Stationen Marconis die VLF-Technik mit hoher Leistung eingesetzt wurde, konnten diese Stationen ihre langsamen, telegraphischen Signale zunächst nicht über den Atlantik bringen. Anders als bei der frühen UHF-Technik, wie die von Hertz, Righi und Lodge, wurde das VLF-Wellensignal vorwiegend direkt durch den Erdboden übertra-

gen. Man stellte fest, daß die VLF-Wellensignale über den Ozean übertragen werden konnten, wenn diese mit "stark leitenden" geologischen Formationen gekoppelt waren. Die VLF-Wellen wurden über den Ozean durch massive Antennenstrukturen übertragen, die direkt in den Erdboden hineingebaut worden waren. Es gab Konsequenzen nach diesen Anwendungen der VLF-Radiowellenenergien, die sich direkt auf die geophysikalische Umwelt auswirkten. Es waren Konsequenzen, die sich zu Marconis schlimmstem Alptraum entwickelten. Schließlich "übergab" er seine Anstrengungen mit der VLF-Technik seinen Ingenieuren, und er segelte auf das Meer hinaus, auf der Suche nach verloren gegangenen Träumen und Kurzwellen.
Als er seine VLF-Stationen mit dem Erdboden verband, stellte er fest, daß sich bestimmte Täler, die bis ins Meer reichten, sehr gut eigneten, jedoch nicht alle. Bestimmte "sehr gut leitende" Felsen und Gesteine stellten hervorragende Plätze für die Stationen dar, jedoch nicht alle. Und bestimmte geologische Eigenschaften waren für die Stationen geeignet, jedoch nicht alle. Und diese Unbeständigkeit beim Erkennen von guten Plätzen für die Stationen stellte sowohl ein fundamentales Geheimnis als auch ein Hindernis für Marconis Ingenieure dar. Viele Experimentatoren, die mit den Launen der frühen Radiosysteme vertraut waren, glaubten, daß die unterirdische Geologie für diese Effekte verantwortlich war. Aber trotz dieser theoretischen Ansicht und trotz großer Anstrengungen, erhielt man bei Testübertragungen nie die gewünschte Beständigkeit.
Das Geheimnis, das durch dieses Phänomen repräsentiert wurde, konnte von Marconis Firma nicht enthüllt werden. Niemand wußte, warum bestimmte Geländeformationen VLF-Wellen besser übertrugen als andere. Man konnte zwar den besten Platz für eine VLF-Station ausfindig machen, aber man

konnte keinen Platz allein durch geologische Gegebenheiten bestimmen. Weder die geologischen Schichten noch Geosynklinale waren verantwortlich für einen guten oder einen schlechten Stationsplatz. Es war offensichtlich, daß eine geheimnisvolle "parageologische Struktur" einen starken Einfluß auf die VLF-Signale hatte. Diejenigen, die die Wahrheit über eine anomale unterirdische Kraft ahnten, konnten die geologischen Zusammenhänge nicht entdecken, mit denen sie es zu tun hatten. Der Einfluß auf die VLF-Signale war nicht veränderbar. Er blieb über einen langen Zeitraum hinweg gleich. Somit mußte dieser Einfluß aus einer festen, strukturierten Wahrheit bestehen, einer Topographie, dessen genaue Natur niemals allein an Hand quantitativer Messungen festgestellt werden konnte.

Marconis Ingenieure erkannten, daß die VLF-Signale durch geheimnisvolle natürliche "Kanäle" verliefen, deren Aufbau mit instrumentellen Messungen nicht erfaßt werden konnte. Beim Aussenden der VLF-Signale stellte man fest, daß es Gegenden gab, wo diese Signale mit einer unglaublichen Stärke übertragen wurden. Das waren Strecken, wo das schwächste Signal mit einer ungewöhnlichen Stärke in Europa empfangen wurde. Bei anderen Strecken stellte man einen Widerstand fest, der nicht überwunden werden konnte. Das waren Strecken, bei denen die VLF-Signale viel schneller gedämpft wurden, als es der Theorie nach möglich war. Einige Ingenieure sahen darin Erscheinungen, deren Ursache nur in "unerreichbaren" geologischen Eigenschaften zu finden war.

Weder irgendwelche Unterschiede in der geologischen Struktur, bei der Leitfähigkeit oder Unterschiede beim Mineralvorkommen wurden jemals in einer Untersuchung erwähnt. Die VLF-Signale gehorchten anscheinend den "Vorschriften" der Schichten, die keine erkennbaren geophysikalischen Grenzen besaßen. Die Wege der VLF-Signale im Erdboden hingen von einer Struktur ab, die tiefgreifender war, als die geologische Struktur. Eine Struktur, die man "fühlen" oder "ahnen", aber niemals messen konnte. Diese durchdringende "biodynamische" Struktur, die mit Instrumenten nicht gemessen werden konnte, zwang den Bau der VLF-Stationen auf bestimmte Plätze. Das war ein Geheimnis, das die meisten VLF-Ingenieure nicht preisgaben. Für einige mag es dubios erscheinen, aber die experimentellen Errungenschaften dieser frühen Untersuchungen bewiesen die biodynamische Theorie. Die beobachteten Ergebnisse dieser legendären Untersuchungen sind heute unmöglich zu erhalten. Die Übertragung der Signale über den Erdboden stellt den historischen Ursprung von experimentellen Radiosystemen dar. Die über den Erdboden übertragenen Radiosignale waren nur dann stark, wenn bestimmte "Leitungswege" ausfindig gemacht werden konnten. Das Aufspüren dieser Gegenden erforderte Methoden, bei denen sehr vorsichtig vorgegangen werden mußte und bei denen in die Erde gebohrt wurde. Das Aufspüren der "energetischen Flußlinien" in einem bestimmten Gebiet galt nicht als wissenschaftlich. Nichtsdestotrotz, diese "geomantischen" Methoden zeigten ihre Wirtschaftlichkeit dadurch, daß dort die besten telegraphischen Strecken errichtet wurden. Diejenigen, die bereits sehr früh erkannten, daß die telegraphischen Signale und die gesprochenen Signale von einem Punkt zu einem andern über den Erdboden übertragen werden konnten, waren meistens mit diesen Methoden bereits sehr vertraut.

Tatsächlich gab es Leute, die allein durch ihre Empfindlichkeit die unsichtbare "Struktur" ausfindig machen konnten. Diese Struktur, die unnachgiebig und unveränderbar blieb. Mit dieser natürlichen Empfindlichkeit konnte man diese geographischen Orte fühlen, an denen man niemals Radiosignale irgendeiner Art empfangen würde. Diese "blinden Orte" konnten an Hand der elektrischen Wissenschaft niemals erklärt werden. Es ist schon eigenartig, daß die Wissenschaft, die behauptet, sie wäre bei der Einschätzung natürlicher Phänomen völlig objektiv, bei der Errichtung von Stationen von menschlichen Einschätzungen abhängt. Der Einsatz von biologischen und organischen Sensoren hat den größtmöglichen empfindsamen Wert des menschlichen Gefühls über alle trägen Meßinstrumente gestellt. Deshalb wurden diejenigen, die sagten, daß sie eine besondere Empfindlichkeit für die "Auslotung" der besten Plätze für die VLF-Stationen besäßen, gelobt und nicht lächerlich gemacht. Durch den Einsatz dieser empfindsamen Methoden, der "geomantischen Kunst", kamen Ergebnisse zustande, die auch heute noch als außergewöhnlich bezeichnet werden können. Bei dieser einzigartigen Technik wurde der Austausch von Telefonsignalen eingerichtet, in vielen Fällen sogar ohne extern angeschlossene Batterien. Die Telefonsysteme von Nathan Stubblefield (1872), deren Signale über den Erdboden übertragen wurden, waren für ihre extrem hohe Leistung und für eine klare Empfangsstimme bekannt. Seine Systeme arbeiteten 24 Stunden am Tag, ohne daß Batterien ersetzt und ohne daß umfangreiche Servicearbeiten vorgenommen werden mußten.

Die Experimentatoren, unter anderem auch Marconi, fingen jetzt an, diese Übertragungsanomalien zu beobachten und Daten zu sammeln. Während die meisten Experimentatoren einfach mehr darüber wissen wollten, beobachtete Marconi diese Anomalien, um damit einen Erfolg zu haben. Das Geschäft war sein Ziel. Das schlechte Positionieren einer VLF-Station würde den finanziellen Ruin bedeuten. Man konnte sich keinen Fehler er-

lauben, deshalb erforderten seine Methoden empirische Tests. Dabei stimmte man der gewöhnlichen experimentellen Wahrnehmung zu. Und deshalb überragten empirische Experimente die nur "gedachten" Experimente, denn sie erzeugten Ergebnisse, die noch unbekannte natürliche Gegebenheiten miteinander verflochten, welche sich der theoretischen Überlegung entziehen. Von dem Moment an, an dem seine erste VLF-Station errichtet war, erkannte Marconi die heimtückischen Einflüsse dieser fremden und parageologischen unterirdischen Struktur. Ein Einfluß, der den Verbindungsaufbau mit bestimmten Stationen in Europa verhinderte, während gleichzeitig mit anderen Stationen eine hervorragende Verbindung bestand.
Marconi stellte fest, daß die Kommunikationsübertragungen über den Atlantik von Ost nach West relativ schlecht verliefen, während die Kommunikationen von Nord nach Süd eine ungewöhnlich starke Signalleistung vorwiesen. Dieses Geheimnis schränkte ihn bei der Wahl der VLF-Stationsplätze weiter ein. Da er den Methoden des Wellenradios vertraute, litten seine speziellen weltweiten "Radioschaltungen" unter den natürlichen Widerständen und Hindernissen. Die VLF-Signalwege waren offensichtlich fest an parageologische Merkmale gebunden. Deshalb mußten seine Ingenieure diese wenigen Plätze ausfindig machen, wo die "geheimnisvolle" Struktur bis an das Meer heranreichte. Marconi empfand diese Einschränkungen beim Versuch, seinen weltweiten VLF-"Schaltkreis" aufzubauen, als besonders frustrierend. Abgesehen von diesen enormen Einschränkungen, die ihm von geheimnivollen natürlichen Prinzipien auferlegt wurden, erwies sich der Bau seiner großen Installationen als unüberwindbares Problem für die Ingenieure. Die Errichtung dieser gigantischen Aufbauten stellte eine Aufgabe für die Ingenieure dar, die neue Techniken, neue Fertig-

keiten, neue Manöver und Bauteile erforderte. Große Antennenmasten reihten sich über einen Kilometer weit in das Meer hinein, die heute noch an beiden Küsten Nordamerikas zu finden sind. Die Empfängereinheiten wurden notwendigerweise mehrere Kilometer von der Senderseite entfernt aufgestellt, denn man hatte Angst, daß die empfindlichen Apparate durch die gesendeten Signale verbrannt werden könnten. Dabei handelte es sich um eine frühe Beobachtung des "Blockiereffekts". Das Militär führte bei diesen Aufbauten den Service durch. Es beobachtete während der Arbeiten die gleichen "geomantischen" Prinzipien, die den Bau einer VLF-Station grundlegend beeinflußten.

Die Antworten

Durch diese außergewöhnlichen "geophysikalischen Zugänge" zur Umwelt konnte Marconi mehrere natürliche Phänomene entdecken, die sowohl seine VLF-Übertragung als auch seinen Signalempfang beeinflußten. Diese Einflüsse waren anscheinend zu bestimmten Tageszeiten besonders stark. Die Signalanomalien fingen allem Anschein nach in jeder VLF-Station sofort nach dem Einschalten des Stroms an. Man stellte fest, daß sich die Übertragungsintensitäten innerhalb einer einzigen Minute vierzigmal änderten. Marconi hatte bereits die "Verzerrung" der transatlantischen Signale beobachtet, ein Phänomen, das die Frequenz des ausgesendeten und empfangenen Signals verschob. Das war ein weiteres Geheimnis, das innerhalb Marconis Firma blieb. Er erlaubte seinen Angestellten nicht, diese Geheimnisse, die den Betrieb seiner Stationen angingen, nach außen zu tragen. Marconi hielt dieses Phänomen geheim, er teilte es nur mit seinen Angestellten, die keine Angst hatten. Die Angst bestand darin, daß die Geldgeber seine Systeme fallen lassen und sich der viel älteren verkabelten Telegraphentechnik zuwenden würden.

Zu dieser Zeit bot Marconi keinen konkurrenzfähigen Vorteil gegenüber den Firmen, die Kabel durch den Atlantik zogen. Seine Konstruktion und seine Servicekosten waren wesentlich weniger lukrativ, als er jemals zugeben konnte. Eine Tatsache, die niemand erwähnte, wenn Tesla für die Kosten, die beim Bau der Wardenclyffe-Station entstanden waren, getadelt wurde. Außerdem konnte man die VLF-Stationen von Marconi trotz ihrer Größe, ihren enormen Leistungsanforderungen und ihrer Kosten nur für die telegraphische Kommunikation einsetzen. Die Stationen waren langsam, sie konnten maximal ein paar Worte pro Minute übertragen. Die Leute, die daran arbeiteten, brauchten eine sehr ruhige Hand, wenn sie Signale durch diese gigantischen Systeme sendeten. Das gesamte Antennensystem glühte aufgrund der unter Umständen tödlichen Glimmentladung. Die gesamte Struktur zischte und "klingelte" bei jedem Signal. Jeder, der den Code kannte, konnte hören, welche Nachricht übertragen wurde, einfach nur, indem er zuschaute und zuhörte. Diejenigen, die Informationen "stehlen" wollten, würden einfach nur ein gutes Teleskop benötigen. Die VLF-Wellensignale kamen an den europäischen Stationen zu bestimmten Tageszeiten nur sehr schlecht an. Die Signale waren oft durch unbekannte Ursachen völlig verzerrt. Das war das Ergebnis von Übertragungsmoden, auf denen Marconi beharrte. Dickköpfig ignorierte er das "Fundamentale und Offensichtliche", er schaute einfach überall hin, um Antworten auf diese natürlichen Interferenzen zu bekommen, nur nicht dahin, wo sich ihm die Lösung direkt präsentierte. Tesla hatte diese Eigenheit bereits vorhergesehen, er machte sich über Marconi bei seinen öffentlichen Auftritten immer wieder lustig. Räumte ihm ein Verlag einen Platz ein, um seine Ansichten auszudrücken, so tat Tesla sein bestes, um dort seine Meinung loszuwerden. Tesla wußte bereits, daß Marconi zu bestimmten Tageszeiten keine Signale austauschen konnte. Er stach in die "Geheimnisse" Marconis und enthüllte die Tatsache, daß bestimmte VLF-Frequenzen in der Zukunft Schwierigkeiten bereiten könnten, da sie mit der natürlichen Statik und anderen Interferenzen kämpfen mußten. Marconi haßte diese technischen Wahrheiten. Auch wenn das Wetter an beiden Küsten gut war, so konnten doch Stürme über dem Meer ein "natürliches Rauschen" hervorrufen. Die Signale würden inkohärent werden, wenn sie auf einen Sturm über dem Meer trafen, auch wenn sie mit der größtmöglichen Leistung gesendet worden waren.

Die Aussendung von VLF-Signalen war ganz von der Gnade natürlicher Einflüsse abhängig, die sich über das ganze Jahr hinweg auf komplexe Weise immer wieder änderten. Das Wetter änderte die Signale manchmal so, daß sie nicht mehr erkennbar waren. Und bei Gewitterstürmen konnten keine Signale gesendet werden, da man Angst vor einem Blitz-Einschlag hatte. Blitze töteten öfters, ohne eine vorherige Warnung, die Bediener der Apparate. Marconis Antennen waren so groß, daß (physikalische) Spannungen im dielektrischen Feld tödliche elektrische Spannungen hervorrufen konnten. Die Stürme waren nicht die einzigen Erzeuger natürlicher Statik, die Interferenzen hervorriefen. Es gab noch andere Ursachen, durch die sich eine so große Statik aufbaute, daß sie die klarsten Signale vernichteten. Das konnte sich die konventionelle Wissenschaft niemals erklären. Aber Marconi blieb dabei, sein "großes Geheimnis" für sich zu behalten.

Reginald Fessenden, der berühmte kanadische Radioerfinder, verkörperte den reinen Experimentator viel stärker als Marconi. Er war mit unabhängigen Mitteln ausgestattet und von der drahtlosen Wissenschaft völlig eingenommen. Dr. Fessenden entschied sich, seine Entdeckung über die VLF-Interferenzen zu veröffentlichen. Er brachte einen einzigartigen Bericht heraus, in dem er bekannt gab, daß seine über den Atlantik geschickten Signale oft mit jeder Übertragungsminute variierten! Laut Fessenden entstanden diese geheimnisvollen Signaländerungen durch falsch verstandene Leitfähigkeitseffekte in der höher liegenden Atmosphäre. Er vertrat die Meinung, daß eine Schicht in der Ionosphäre für diese Fluktuationen verantwortlich war. Und sofort begann die Forschung mit der Untersuchung dieser Schichten, um Pulsierungen in der Ionosphäre festzustellen. Man fand heraus, daß das Vertrauen in die Reflexion und die Leitfähigkeit der Ionosphäre die empfindliche Stelle des Kurzwellenradios war - genau so, wie es Tesla bereits Jahre zuvor behauptet hatte. Egal bei welcher Frequenz oder mit welcher Leistung das Kurzwellenradio eingesetzt wurde, es hing von den Zuständen der Ionosphäre ab, die von den Menschen nicht kontrolliert werden konnten. Das war eine Tatsache, die Marconi auch bei seinen ersten Experimenten mit der Kurzwelle bekannt war.

Es erschien vielen Akademikern zu unwissenschaftlich und metaphysisch, die VLF-Signale direkt mit den Tagesstunden und den Jahreszeiten zu koppeln. Nichtsdestotrotz, die Fakten waren auf empirischen Wege zusammengetragen worden, und sie waren gleichbleibend. Wenn jemand diese Ansicht vertrat, dann gab jeder ehrliche Forscher einfach nur die Worte Nikola Teslas wieder, die dieser immer wieder erwähnt hatte. Seine Behauptungen, die auch auf empirischen Beobachtungen basierten, waren in Bezug auf ihre Genauigkeit unfehlbar.

Tesla hatte auch eher esoterische Phänomene erwähnt, die bis heute niemand akzeptieren kann oder will. Er sprach von kosmischen Strahlungen und ihren Wirkungen auf die ionosphärische Pulsierung.

Tesla sprach auch von kosmischen Strahlungen und ihren Verhältnissen zu den Planeten und zum Mond. Das war kein beliebtes Thema unter den Akademikern. Nichtsdestotrotz, der ungern gesehene Bericht von Fessenden schien für Marconis Firma, die noch in den Anfängen steckte, ein Disaster heraufzubeschwören. Er brachte die schwachen Punkte in der drahtlosen VLF-Technik zur Sprache. Eine Tatsache, die Marconi am liebsten verschwiegen hätte. Der von Dr. Fessenden veröffentlichte Bericht provozierte einen Kommentar Marconis; der sehr bald darauf selbst einen Bericht veröffentlichte und darin darauf bestand, daß er diese Effekte als erster beobachtet hatte. Danach begannen alle Experimentatoren, die sich mit der Erforschung der VLF-Technik beschäftigten, sich intensiv mit den Änderungen bei der Signalausbreitung auseinanderzusetzen.

Die Aktienbesitzer waren außer sich. Der stolze Marconi erklärte, daß man nur durch eine weltweite Verbreitung der VLF-Stationen das Problem völlig in den Griff bekommen könnte. Sie glaubten ihm. Da er finanziell noch mehr unterstützt wurde, konnte Marconi nun anfangen, seine Stationen an jeder Küste dieser Erde aufzubauen. Dazu gehörte auch der riesige Pazifik. Das stellte eine nahezu unlösbare Aufgabe dar. Marconi wußte, daß die Signale über den Atlantik in Ost-West-Richtung nicht einfach "flossen". Aber später stellte er fest, daß die Signale, die in Nord-Süd-Richtung verliefen, die gleichen abschwächenden Effekte aufwiesen. Das war ein weiterer Beweis dafür, daß bei bestimmten Frequenzen die Funktion des Wellenradios eingeschränkt war. Eine Tatsache, die Tesla bereits erwähnt hatte.

Die Art und Weise, mit der die natürliche Umgebung die ausgesendeten VLF-Wellen "behandelte", zeigte ein unheimliches Verhalten, eine Antwort, die von trägen Kräften normalerweise nicht erwartet wurde. Wenn man diese natürlichen Verzerrungen und Interferenzen auf eine metaphorische Weise interpretieren würde, dann wäre man gezwungen, diese Erscheinungen als einen Beweis für "geobiologische" Antworten auf die elektrischen Reizungen zu sehen. Die Natur schien die Signale zu "verarbeiten". Die ausgesendeten Signale nahmen nicht den direkten Weg. Dies wurde am Pazifik offensichtlich, wo die Relaisstationen oft große Schwierigkeiten hatten, die VLF-Signale abzufangen, die eigentlich entlang einer direkten Linie erwartet wurden. Als die Antennen neu ausgerichtet wurden, zeigte es sich, daß diese Signalwege nicht nur gekrümmt waren, sondern daß sich die Signale auch schlangenförmig fortbewegten - das waren die natürlichen Verläufe der Radiowellen. Man stellte fest, daß sich die VLF-Signale nicht gleichmäßig über die Erdoberfläche und über dem Meer ausbreiteten, was sich aus einfachen Änderungen in der Leitfähigkeit ergab. Bei all diesen Deformationen der VLF-Signale, beobachteten die Maschinenbediener den Beweis für eine biodynamische Struktur, die einen Einfluß auf jede "reizende" VLF-Anwendung hatte.

Die Verbindungen

Unter der fordernden Diktatur ihrer Führungsköpfe hatten die Männer im Militär, die sich mit dem Radio beschäftigten, Marconis Technik und seine tyrannische Macht bereits aufgenommen. Sie glaubten tatsächlich, daß sie genug gelernt hatten, um sich jetzt von seiner Firma trennen zu können, was auch ihre ursprüngliche Absicht war, damit sie ihr eigenes Radiosystem privatisieren konnten. Nun würde das "M" auf der Flagge nicht mehr für "Marconi", sondern für "Militär" stehen. Das Ausscheiden aus Marconis Firma erwies sich teilweise als schwierig, wurde dann jedoch vollständig durchgezogen. Diese Trennung, zweifellos das Ergebnis verwaltungstechnischer Manöver an höherer Stelle, wurde als der erste Schritt in die Richtung eines Radionetzwerkes des Militärs angesehen.

Damit konnte man den verwaltungstechnischen Ansprüchen des Militärs überall auf der Welt gerecht werden und Weisungen von den Führungskräften ständig erhalten. Das Personal des Militärs wünschte sich eine vollständige Trennung von den Industrieunternehmen. Sie intensivierten diese Trennung mit der Zeit, indem die Geheimnisse über das Radio nur den Ingenieuren des Militärs vorbehalten waren. Auf diese Weise begann die geheimgehaltene Geschichte der militärischen Radioprojekte.

Aufgrund dieser Geheimhaltung wurden Offiziere des Geheimdienstes überall in der Verwaltung des Militärs eingesetzt. Die Berichte vom Geheimdienst repräsentierten die Gegenwart der Herrscher innerhalb des Militärs. Auf diese Weise begann das enge Verhältnis zwischen dem Geheimdienst und dem Militär, wobei jeder darauf achtete, daß die Befehle tatsächlich befolgt wurden. Schließlich würde der Geheimdienst selbst private Kommunikationssysteme suchen, die völlig geheim gehalten würden. Das wären Systeme, die der Geheimdienst vor dem Militär verstecken würde, aber zunächst lernte man erstmal die Geheimnisse der Radiotechnik.

In den Jahren, nachdem das Militär Marconis Firma verlassen hatte, rührte sich nicht viel. Trotz der Zeit, die sie in Marconis Firma verbracht hatten, waren die auserlesenen Kadetten nicht fähig, ein eigenes System zu entwickeln, das die Erforschung der Radiotechnik vorangebracht hätte. Die Umstände und der Druck von außen preßten nun ihren Widerwillen in einen festen Dialog. Dieser Dialog, dieser völlige Stillstand zwischen den Experimentatoren und dem Militär bildete die traditionelle Machtkonfrontation, die ihr manchmal steiniges Verhältnis deutlich hervorkehrte. Die Experimentatoren selbst verfügten über die kreative Macht, die Fähigkeit zu erfinden. Und das Militär wußte das. Nun begann das Einstellen von privaten Experimentatoren und Systemdesignern.

Die Experimentatoren wollten vom Militär nicht engagiert werden und ließen sich von ihren sicheren Positionen nicht abbringen. Um alles zu erreichen, was es wollte, mußte das Militär unter anderem ausnahmslos persönliche Informationen mißbrauchen. Die Experimentatoren, die dem Militär eine freie Mitarbeit anboten, wurden oft recht "unhöflich" behandelt. Bald tauchten verschiedene Personen auf, die talentierte Akademiker und private Experimentatoren zur Forschung beim Militär überzeugen wollten. Dieses kleine bürokratische Zugeständnis deckte sowohl die aristokratische Haltung der älteren Offiziere als auch die Unäbhängigkeit der Forscher ab. Es war jedoch genau diese Unabhängigkeit, durch die die erhabene Kreativität aufgeblüht war. Es konnte keinen Zweifel daran geben, daß die

Arbeiterklasse die Geheimnisse zu den Systemen besaß. Innerlich erkannte man an, daß die Experimentatoren der Arbeiterklasse Apparate besaßen, die die gut gepflegte Militärelite niemals herstellen könnte.
Schließlich wurde aus den bedrohlichen Gesten zwischen dem Militär und den Forschern ordentliche Arbeitsverhältnisse. Die Anstellung von Experimentatoren aus der Arbeiterklasse brachte auf gar keinen Fall eine Enttäuschung mit sich. Diese Experimentatoren bauten das Militärsystem auf, auf das die Führungskräfte so sehr vertrauen. Eine neue Reihe von Radiosystemen, die den Anforderungen des Militärs entsprachen, wurde in der Zeit zwischen den Weltkriegen entwickelt. Die Ausbreitung des Wellenradios stellte den ersten Schritt in die falsche Entwicklungsrichtung dar. Die Konsequenzen dieses ersten Schritts in die minderwertige Technik hinein ließen Jahrzehnte vergehen, bevor man den Fehler überhaupt erst feststellte.
In den Jahren nach dem Ersten Weltkrieg gab es mehrere militärische Radioentwicklungen, die sich von dem früheren Radio Marconis stark unterschieden. Zunächst wurde eine Kommission ernannt, um alles, was man über die Ausbreitung von Signalen über den Atlantik und über den Pazifik wissen mußte, zu erforschen. Bei den gründlichen Untersuchungen wurden Ausbreitungseigenschaften eingesetzt, die ein breites Frequenzspektrum abdeckten. Man begann im VLF-Bereich und setzte die Tests bis in den UHF-Bereich fort. Aufgrund dieser Tests wurden viele Antennen, Sendereinheiten, Vakuumröhren, Empfängereinheiten und Radiobauteile neu entworfen. In den Jahren vor dem Zweiten Weltkrieg konnten neue Entwicklungen in unerwarteter Weise entstehen, da das Militär der zivilen Forschung den freien Lauf ließ. Neue Industriezweige entstanden

und verbreiteten sich durch diesen Austausch von Informationen zwischen dem Militär und der zivilen Forschung. Es war eine sehr produktive Zeit. Das Militär stellte fest, daß seine Forschungsumgebung von den privaten Experimentatoren nun bewundert wurde und daß es nun wieder anfangen konnte, das Verhältnis strikter anzuführen.

Die VLF-Technik der Marine

Jede Dienststelle des Militärs profitierte von dem umfangreichen Informationsaustausch. Die Marine profitierte von diesen Erfindungen am meisten. Die VLF-Antennen wurden von Ingenieuren der Marine neu entworfen, man entdeckte Frequenzen, die eine zuverlässige Übertragung garantierten, und man errichtete passende Kraftwerke. Die sehr potenten Bogenentladungsvorrichtungen von Poulson wurden von den stärksten Radiostationen der Marine weiterhin eingesetzt. Das VLF-Radio stellte die einzig verfügbare Methode für die drahtlose Übertragung von Signalen dar und entwickelte sich im Lauf der Zeit zum "Eigentum" der Marine. Sogar als die Kurzwelle in Mode kam, verzichtete die Marine auf ihre VLF-Stationen nicht. Die Führungskräfte der Marine entwickelten Kurzwellensysteme für ganz bestimmte Anwendungen. Aber die Marine blieb bei ihren VLF-Stationen, einfach weil sie so zuverlässig funktionierten. Sie waren zuverlässig und allem Anschein nach unaufhaltbar, und zwar ganz besonders im unteren VLF-Bereich. Nur die Stationen, die im unteren VLF-Bereich arbeiteten, waren wirklich zuverlässig. Diese Systeme, die von Marconi eingesetzt worden waren, waren durch Interferenzen leicht zu beeinflussen, da sie bei einer relativ "hohen" Frequenz arbeiteten! Man beachte, daß der Abstand zwischen aufeinanderfolgenden Wellen bei einer typischen VLF-Station von Marconi ungefähr 10 Kilometer betrug. Die Marine experimentierte nun mit 20 oder 30 Kilometer langen Wellen. Sie war es auch, die die Leistung in diesen Systemen nach oben schraubte. Dabei wurden oft bis zu 2 Megawatt am Ausgang erreicht. In der Nähe dieser Antennen sprangen die Funken beim Anschluß von Systemen buchstäblich vom Boden. Bei den Autoparkplätzen mußten dicke Kupferbänder zur Erdung angebracht werden. Es ist tatsächlich so, wenn man irgendeinen nicht geerdeten metallischen Gegenstand in der Nähe dieser Stationen berührt, so hat das tödliche Konsequenzen (Lehr).

Der Antrieb, die Frequenzen zu erniedrigen, entstand als bemerkenswertes Ergebnis aus verschiedenen Radioexperimenten. Bemerkenswert in dieser Hinsicht sind die geerdeten Radiosysteme von Nathan Stubblefield, John Trowbridge, Sir William Preece, Fr. Joseph Murgas, James Harris Rogers, Ferdinand Braun, Georg von Arco, Sigmund Musits, G.W. Pickard und vielen anderen. Jeder entwickelte verschiedene Arten von unterirdischen Antennen, und Antennen, die unter Wasser eingesetzt wurden. Die Antennen von James Harris Rogers waren für die Marine besonders interessant, da seine Entwürfe eine bemerkenswert klare Kommunikation mit den U-Booten lieferte. Im Großen und Ganzen waren sie aus mehreren nicht patentierten Entwürfen Teslas hergeleitet. Es handelte sich dabei einfach um vergrabene Dipole. Zwei gut isolierte Kabel wurden ausgerollt und in einer Tiefe von 30 cm oder mehr vergraben. Die Kabel bestanden aus mehren Drähten. Die Drähte, die in der Mitte verliefen, verband man dann mit einem Empfänger. Der Radioempfang durch diese vergrabenen Kabel lieferte zwischen zwei beliebigen Punkten auf der Erde ein erstaunlich gutes Signal, das frei vom statischen Rauschen war, und zwar unabhängig von der Entfernung.

Ihr einfacher und preiswerter Aufbau war für die Marine besonders interessant, die diese Antenne bei VLF-Stationen einsetzen wollte. Eine sehr gute Isolierung war notwendig, aber das stellte bei den späteren Versionen kein echtes Problem mehr dar. Diese einfach aufgebauten vergrabenen Dipole konnten auch dazu genutzt werden, VLF-Signale zu jedem Punkt auf oder unter der Erde zu übertragen. Signale, die auf diese Weise in die Erde geschickt wurden, konnten das Meereswasser bis zu einer sehr großen Tiefe durchdringen. Auch konnten Signale, die von U-Booten ausgesendet worden waren, über eine große Entfernung von den vergrabenen Roger-Dipolen erkannt werden. Für die Marine war dieses System das reinste Wunder. Nachdem sich die Radioingenieure mit diesen neuen Systemen vertraut gemacht hatten, fingen sie an, neue Systeme zu entwickeln, die den Anforderungen des Militärs entsprachen. Die Einsatzmöglichkeiten verschiedener vom Militär entwickelter VLF-Radios konkurrierten schon bald mit den Systemen, die Marconis Firma hervorbrachte. Man entdeckte, daß geringfügige Änderungen in der Umwelt auch kleine Verzerrungen bei den VLF-Signalen hervorriefen, und zwar besonders dann, je niedriger die Frequenz war. Bei diesen niedrigen VLF-Frequenzen schien die Signalausbreitung durch eigenartige geologische Vorgänge ohne die vorhergesagte Abschwächung aufzutreten. Das war eine neue Methode, mit der man rauschfreie und zuverlässige Radiosysteme bauen konnte, dessen Reichweite allem Anschein nach keine Grenzen besaß. Die Marine beobachtete die von der Sonne angetriebenen geologischen Vorgänge, die ihre tiefen VLF-Signale leicht verzerrten, diese jedoch nicht dämpften. Nur bei extremen "Sonnenzuständen" wurde die tiefe VLF-Übertragung verzerrt oder litt unter Interferenzen. Bis heute gibt ein Amt des Miltärs die Sonnenzustände an die nationale Kommunikationsgesellschaft weiter.

Die Kommunikation stellt die grundlegende Voraussetzung für alle Operationen der Marine dar. Ohne die sicheren Kommunikationskanäle sind Operationen der Marine unmöglich. Das Radionetzwerk der Marine entwickelte sich aus der tiefen VLF-Technik, dabei wurden oft Antennen eingesetzt, die über Täler gespannt wurden und die in ihrer Größe an Hängebrücken erinnerten. Die Signale dieser Stationen wurden sowohl durch den Boden als auch durch das Meerwasser geschickt, sie waren nicht aufzuhalten und konnten U-Boote erreichen. Nur tiefe VLF-Signale konnten ohne Verluste weltweit übertragen werden. Die "tiefen" VLF-Stationen der Marine sind die zuverlässigsten Radio-Kommunikationssysteme geblieben, um damit kontinuierliche, telegraphische Kommunikationen zwischen der Flotte und der Kommandozentrale aufrechtzuerhalten. Die tiefen VLF-Stationen der Marine sind riesig und sehr leistungsstark. Bei mehreren dieser Stationen wurden sehr große rotierende Drehstromgeneratoren eingesetzt. Bei anderen wurden überraschend große Bogenentladungsvorrichtungen von Poulson verwendet. Diese dem Magnetron ähnlichen Bauteile waren oft 3 auf 3 Meter groß. Die meisten tiefen VLF-Stationen der Marine sind immer noch in Betrieb, was für ihre Zuverlässigkeit spricht.

Die tiefen VLF-Stationen der Marine waren bei ihrem Betrieb auf den alten radiotelegraphischen Modus beschränkt. Sie waren langsam und arbeitsintensiv. Nichtsdestotrotz, die tiefe VLF-Welle war durchdringend und sehr stark. Sie konnte für die Kommunikation über erstaunlich große Entfernungen über Land oder Wasser ohne irgendwelche Interferenzen eingesetzt werden. Nach Errichtung dieser sehr großen geophysikalisch gekoppelten Stationen waren neue radiotelefonische Methoden für den normalen Gebrauch verfügbar. Während das Vertrauen auf die tiefen VLF-Wellensender das Rückgrat der Kommunikation bei der Marine darstellte, suchten die Ingenieure der Marine nach neuen Kurzwellensystemen. Diese Systeme waren durch die Einführung von Vakuumröhren möglich geworden. Die Anwendungen dieser revolutionären Komponenten beim Bau von kompakten und starken Kurzwellenradios wurde bei der Forschung und Entwicklung der Marine zum Schwerpunkt. Die Marine setzte jede neue Art von elektronischen Komponenten und Systemen ein, um auf diese Weise die beste Ausstattung entwickeln zu können.

Die Marine entwickelte und verbreitete "dunkle" Kommunikationssysteme, diese optischen Kommunikationssysteme, die die Forschung an Kristallen und über die optischen Energien hervorbrachte. Bemerkenswert in dieser Hinsicht waren die Systeme von Dr. William Coblentz, der das erste infrarote Funktelefon entwickelte. Dr. Coblentz verwendete dabei Molybdenit, ein Mineralkristall, das extrem empfindlich auf infrarote Fluktuationen reagierte. Er entwickelte ein System, das "unsichtbare" Signale von einem Schiff zum anderen oder von den Schiffen an die Küste senden konnte. Dieses System war im Zweiten Weltkrieg unentbehrlich. Diese Zeit, in der sich die technische Entwicklung des Radios verbreitete, begann zwischen den beiden Weltkriegen. Deshalb entwickelten sich die Radiosysteme der Marine in einer größeren Vielfalt als bei allen anderen Dienstzweigen des Militärs. Es war die Marine, die als erste ihren eigenen High-Tech-Standard in der elektronischen Technologie erreichte. Dieser blieb bis heute in ihrer Hand.

Pangloss

Die Marine gehörte zu den ersten Diensstellen des Militärs, die durch die Tests von nuklearen Gefechtsköpfen die Auswirkung der EMP-Effekte beobachten und erkennen konnte. Es lag auf der Hand, daß sie sichere Kommunikationsmöglichkeiten brauchte, aber trotzdem erkannte die Marine sehr schnell, daß die VLF-Technik, auch wenn die Frequenzen noch so tief waren, die Situation der neuen Welt nicht hinreichend abdecken konnten. Die Atomwaffen, deren unerwartete Erscheinung die gesamte Militärgesellschaft erschütterte, übten einen bleibenden Druck auf die Forschung aus. Diese technologisch fordernden Stoßwellen blieben noch lange nach den Atomexplosionen erhalten.
Die Marine leitete verschiedene experimentelle Tests, bei denen tiefere VLF-Frequenzen eingesetzt wurden. Es war bereits bekannt, je tiefer die VLF-Signalfrequenzen lagen, um so weniger "kräuselte" sich die Signalkontinuität. Man stellte fest, daß tiefere VLF-Frequenzen EMP-Phänomene ohne die Gefahr eines Systemausfalls überstehen konnten. So gesehen waren die zahlreichen Nachteile sehr tiefer VLF-Frequenzen nicht mehr störend. Da man sich zu immer niedrigeren Frequenzen hin bewegte, waren die Ingenieure beim Bau der riesigen Stationen immer mehr gefordert, und die Bediener mußten nun ihre Signale mit einem unmenschlichen Schneckentempo senden. Man brauchte automatische, digitale Systeme, um damit die verschlüsselten Nachrichten lesen zu können. Die sehr tiefen VLF-Frequenzen liefen wirklich sehr langsam ab. Nichtsdestotrotz war es die einzige verfügbare Alternative für das Militär. Wenn es auf der Erde einen Notstand geben sollte, dann würden nur

die sehr tiefen VLF-Signale eine sichere Kommunikationsmöglichkeit darstellen.
Ein Punkt, der gegen die Errichtung dieser Stationen sprach, waren ihre deutlich zu erkennenden Aufbauten, die bei einem Angriff als erstes beschossen würden. Die großen, festen VLF-Installationen waren Gefangene ihrer eigenen Größe. Die RCA leitete den Bau der Jim Creek Station, die mit einer Leistung von 10 Megawatt arbeitete. Die VLF-Station NAA der Marine brachte eine Leistung von 2 Megawatt, die bei 14,8 Kilozyklen arbeitete. Sie beinhaltete 26 Masten, jeder ungefähr 300 Meter hoch, und bedeckte eine Fläche von 300 Hektar in Cutler (Maine). Den Planern des Militärs gefiel die Tatsache nicht, daß VLF-Stationen wie diese eine so leichte Zielscheibe bei Angriffen darstellten. Die VLF-Stationen könnten mit einer einzigen Explosion zerstört werden. Deshalb dachte sich das Militär ein neues Schema aus, bei dem viele gleichzeitig arbeitende Stationen integriert waren, ein VLF-Netzwerk. Sie arbeiteten mit synchronen, periodisch auftretenden Stößen, und sie wurden durch eine zentrale Kommandostelle an- und ausgeschaltet. Würde eine Teilstation zerstört, dann wäre dadurch das gesamte Netzwerk noch lange nicht vernichtet, denn eine Teilstation übertrug nicht die gesamte Information einer Nachricht.
Man stellte fest, daß eine geringe Energiemenge von tiefen VLF-Frequenzen eine effektive und bemerkenswerte Reichweite besaß. Die Ionosphäre verzerrte die tiefen VLF-Signale nur geringfügig. Sowohl die ATOMAR angeregten EMP-Methoden, als auch die durch die RADAR-Technik erzeugten EMP-Effekte konnten die elektromagnetischen Kanäle über einen gefährlich langen Zeitraum hinweg durcheinanderbringen, indem die Ionosphäre direkt gestört wurde. Alle elektroni-

schen Systeme wurden mit dieser Methode unbrauchbar gemacht. Aber die tiefen VLF-Kanäle wurden durch diese Effekte nicht getroffen. Dies erwies sich vor allem dann als richtig, wenn die VLF-Frequenzen besonders niedrig gehalten wurden. Das heißt, bei extrem niedrigen Frequenzen würde man in einen Bereich vorstoßen, der durch EMP-Effekte überhaupt nicht mehr gestört werden konnte. Ein solches Frequenzband würde eine sichere Kommunikation bieten, trotz der zerstörenden Detonation von vielen atomaren Gefechtsköpfen. Diese Beobachtung rief einige neue Projekte hervor, wobei das Hauptaugenmerk darauf lag, VLF-Stationen zu errichten, die nahezu unverwüstlich waren.

Die Marine begann nun, mit VLF-Experten eng zusammenzuarbeiten, um ein ELF-Kommunikationssystem zu erzeugen, das auf die Leitung der Signale über den Erdboden angewiesen war, und von EMP-Effekten, die in großer Höhe gezündet worden waren, gestört werden konnte. Mehrere Vortests wurden durchgeführt, um die Leistungseffektivität eines solchen Schemas beurteilen zu können. Die VLF-Stationen der Marine teilten sich entlang bestimmter Strecken die Übertragungssignale. Magnetische Änderungen der Erde waren hauptsächlich für die EMP-Ströme verantwortlich. Die tiefen VLF-Signale folgten nahezu immer den Kompaßanzeigen. Solche Kanäle waren gegenüber den EMP-Effekten aus dem Weltraum nicht völlig unzugänglich. Die beiden letzten Atomexplosionen im Weltraum des Projekts ARGUS zeigten, daß in künstlich erzeugten EMP-Effekten ELF-Kanäle erreicht werden konnten. Die Richtung war klar, die neue Aufgabe bestand nun darin, sich ein ELF-Kommunikationssystem auszudenken.

Es gab eine andere Absicht beim Verfolgen dieser Richtung. Die neu eingerichtete, atomar ausgerüstete Unterwasserflotte hatte neue Anforderungen auf den Tisch gebracht. Eine völlige Sicherheit bei Kommunikationen unter Wasser war notwendig, und daraus entstand ein verstärktes Interesse an ELF-Systemen. Ballistische Raketen in U-Booten (POLARIS) mußten notwendigerweise lange Zeit in großer Tiefe unter Wasser bleiben. Man stellte fest, daß die ELF-Wellen, die über den Erdboden übertragen wurden, jede beliebige Tiefe erreichen konnten. Die POLARIS-U-Boote sendeten ständig Nachrichten und erhielten solche von der Kommandozentrale, während sie völlig untergetaucht waren. Sie konnten dann die feindlichen Kräfte mit vorher unbekannter taktischer Effektivität angreifen. Zusätzlich zu diesen geringen Ausbreitungsverlusten zeigten die VLF-Signale einen bemerkenswerten Widerstand gegenüber natürlichen Störungen und EMP-Effekten. Ein Projekt wurde gestartet für die Konstruktion eines Radiosystems, das gegenüber EMP-Effekten sicher war. Es sollte in einem extrem niedrigen Frequenzband des Radiowellenspektrums arbeiten.

Die ELF-Technologie

Es überraschte nicht, daß die RCA-Experimente in der neuen ELF-Technologie der Marine startete. Ihr Projekt wurde ursprünglich PANGLOSS (1959) genannt. Die eigenartige Projektbezeichnung wurde später in SANGUINE (1962) geändert. Die RCA beauftragte 1963 mehr als 100 erfahrene Ingenieure und wissenschaftliche Berater mit dieser Aufgabe. Mit dem steigenden öffentlichen Interesse wurde das Projekt schließlich 1973 in SEAFARER umbenannt. Dieser spätere, nicht so bedrohlich wirkende Name sollte die Kommunikationsaspekte dieses Projekts hervorheben. Das Projekt mußte mehrere Probleme lösen. Das erste Problem war die Errichtung von ELF-Antennen an Land. Das zweite Problem war der Einsatz von Systemen in Unterwasserfahrzeugen. Die ELF-Technik war für die U-Boote hinderlich, denn es waren sehr lange Antennen notwendig. Die U-Boote mußten mit gut isolierten, bis zu einem Kilometer langen Antennen ausgestattet werden. Man fuhr die eingesetzten Antennen während der Kommunikation aus und danach wieder in das Unterwasserfahrzeug ein.

Bevor man das SEAFARER-System baute, untersuchten die Ingenieure des Militärs die bereits geschriebenen und durchgeführten Arbeiten auf dem Gebiet der VLF- und ELF-Übertragungen. Mehrere Spezialisten untersuchten alle Aspekte der Signalausbreitungen in sehr großer Meerestiefe, wobei die Sicherheit der Signale immer Vorrang hatte. Die Sendestationen im Herzen Amerikas waren riesig. Bei den ELF-Kommunikationen wurden speziell entworfene Wechselstromgeneratoren eingesetzt, die mit konventionellen Maschinen identisch waren. Da traditionelle Wellenantennen eingesetzt werden sollten, erforderte der Transfer dieser Ströme zur Erde Antennen mit extremen Ausmaßen. Gegenüber diesen ELF-Antennen waren die Antennen der Marconi-Stationen die reinsten Zwerge. Die theoretisch erforderliche Länge bei Verwendung einer di-polaren Halbwellenantenne für einen 100-Zyklen-Generator betrug 1400 Kilometer! Ganz offensichtlich würden andere Methoden zur Energieübertragung für den Erfolg des vorgeschlagenen Systems entscheidend sein. Es gab ein paar Leute, die Radiosysteme zur unterirdischen Übertragung von Signalen hergestellt hatten. Murgas und Rogers konnten Radiosignale über den Erdboden senden und empfangen. Dabei setzten sie sowohl monopolare als auch dipolare Antennen ein. Jedes System war eine mögliche Anwort auf das Dilemma des Militärs.

Die Patente über die VLF-Wellenantennen von Rogers bildeten die Grundlage für die Antennentechnik in den U-Booten. Der hohe Status der Marine wurde in den Jahren zwischen den Weltkriegen durch diese Antennen besonders unterstrichen. Bei einigen Fällen erwies sie sich jedoch nicht als in der Praxis einsetzbar. Diese Patente bildeten den Kern des wieder aufgeblühten Interesses an den ELF-Kommunikationen, wobei die Leitfähigkeit und die Ausbreitungeigenschaften des Meerwassers für den Erfolg dieses Unternehmens ausschlaggebend war. Die Rogers-Antennen, die im Ersten Weltkrieg eingesetzt worden waren, wurden nochmal genau untersucht. Rogers setzte VLF-Dipole ein. Aufgrund der verwendeten Frequenzen waren die U-Boote gezwungen, fast bis zur Oberfläche aufzusteigen, wenn sie mit ihrer Kommandozentrale kommunizierten. Die POLARIS-U-Boote jedoch mußten immer untergetaucht bleiben, und nur die ELF-Signale konnten das Meerwasser bis in ihre extreme Tiefe durchdringen. Man schloß mit mehreren Forschungsgruppen Verträge ab, um mehr über diesen geheimnisvollen, besonders niedrigen Frequenzbereich zu erfahren. Man hoffte, daß die ELF-Technik dem Militär ein Kommunikationssystem liefern würde, das "unbesiegbar" war.

Die Radioenergien im ELF- und ULF-Spektrum wurden jeweils nochmals untersucht, da man damit leistungsstarke, neue und weltweite Kommunikationen errichten wollte. Diese Untersuchungen wurden hauptsächlich von Galejs, Watt und Christofilos angeführt. Die ELF-Radiosysteme fanden ihre stärksten Befürworter in den akademischen Kreisen. Viele Untersuchungen und Experimente gingen dem tatsächlichen Bau der SANGUINE voraus. Die VLF-Station der Marine am Jim Creek wurde bei einem Test zu einer Betriebsfrequenz von 4000 Zyklen pro Sekunde heruntergefahren. Bei darauffolgenden Tests wurde die Frequenz noch weiter heruntergenommen, und zwar bis zu 100 Zyklen pro Sekunde. Für die Entwicklung eines einsatzfähigen ELF-Senders griffen die Ingenieure des Militärs auf jede sich bietende Möglichkeit der ELF-Technik zurück. Bei den ELF-Radiosendern gab es wesentlich strengere Anforderungen als bei den VLF-Stationen. Und sie würden eine enorme Größe besitzen. Die Ausmaße waren das Hauptproblem. Wie würde man bei einem System dieser Größe die Zufuhr der notwendigen elektrischen Energie in den Griff bekommen? Wenn man einen gleichbleibenden ELF-Strom durch eine große Antennenanordnung erhalten wollte, müßten die Antennen neu aufgestellt werden. Um diese neuen Strukturen entwerfen zu können, beschäftigte man sich zunächst nochmals mit älteren, bereits bestehenden Systemen. Eine besondere Beachtung fanden die vergrabenen An-

schlußklemmen von Franz Joseph Murgas. Die Antennen von Murgas (1906) stellten eher Anschlußklemmen als Antennen dar.
Bei dem System von Murgas wurden vertikal verlaufende Stäbe eingesetzt, die mit dem Erdboden verbunden waren. Bei den ersten Systemen trieb Franz Joseph Murgas einfach sehr lange Stäbe mit Hammerschlägen in den Boden. Spätere Entwürfe waren in dieser Hinsicht wesentlich phantastischer. Man bohrte tiefe Löcher, um damit eine transkontinentale Kommunikation aufzubauen. Bei einigen Systemen von Murgas wurde der Energietransfer durch die direkte Leitung über Felsen erreicht. Franz Joseph Murgas setzte bei seinen Systemen oft wasser- oder ölgefüllte Bohrlöcher ein. Man stellte fest, daß die Entwürfe von Murgas die ELF-Signale gut übertragen konnten. Deshalb wurden die Antennen von Murgas bei Experimenten, die die Ausbreitung der Signale untersuchen sollten, entlang der Ostküste Nordamerikas eingesetzt (1964). Die Tests wurden bei 50 Kilozyklen durchgeführt, wobei man 300 Meter tiefe Bohrlöcher verwendete.
Bei leicht abgeänderten Methoden zeigte sich, daß die Leitfähigkeit der Felsen tatsächlich einen wichtigen unterirdischen Kommunikationskanal darstellte, wobei sich die Änderungen der Gesteinsschichten und der Gesteinseigenschaften kritisch auswirkten. Man fand heraus, daß sich die Effektivität dieser Signalübertragungen mit der Leitfähigkeit des Gesteins änderte. Deshalb wurden besondere Stationen errichtet, um damit diese erhöhte Effektivität zu erreichen. Murgas-Antennen mußten nicht so lang sein wie die Wellen der übertragenen Signale. Ihre Funktion hing vorwiegend von noch unbekannten Phänomenen ab. Wenn man gute geologische Schichten fand, das heißt, leitendes und isoliertes Gestein, dann erreich-

ten die Übertragungen einen ungewöhnlich hohen Wirkungsgrad. Mit dem System von Murgas konnte eine gesprochene Kommunikation über ungewöhnlich große Entfernungen aufgebaut werden. Wenn man diese Antennen bei besonders niedrigen Frequenzen betrieb, konnte eine überraschend große Leistung übertragen werden.
Bei anderen Experimenten wurden natürliche Strukturen als Antennen mit riesigem Ausmaß am Erdboden eingesetzt. Setzten sich die geologischen Formationen an den Küsten aus eisenhaltigem Lehm und Schichten aus sehr gut isoliertem Sandstein zusammen, dann hatten die Ingenieure das gefunden, wonach sie suchten. Für den Bau solcher Antennen mußten nur Bohrlöcher geschaffen werden. Die ELF-Signale erzeugten direkt in diesen geologischen Schichten interessante Ergebnisse, die die Experimentatoren der Marine bei Kommunikationen verwendeten. Einige Ingenieure von RCA behaupteten, daß die echten "Wellen"-Antennen bessere Ergebnisse liefern würden. Ihre Behauptung war falsch. Wurden die Antennen von Rogers in geringer Tiefe vergraben oder einfach auf den Erdboden gelegt, so litten sie unter bestimmten reflektierten Störungen. Bei einem Betrieb von 70 Kilozyklen erhöhte sich jedoch die Effektivität der Signalübertragung mit zunehmender Frequenz. Um vertraglich auferlegte Vorgaben einzuhalten, suchte man nach einem Entwurf, der beide Systeme miteinander kombinierte. Das SEAFARER-ELF-Signalsystem umspannt einen großen Bereich und stellt eine Matrix von kleinen Leistungstransformern und Grundplatten dar. Das SEAFARER-System wurde 1989 eingesetzt, um verschlüsselte Nachrichten bei einer Frequenz von 76 Zyklen pro Sekunde zu übertragen.

An Plätzen, die von der Regierung öffentlich genannt wurden, pumpt das SEAFARER-System ELF-Leistung in Michigan und in Wisconsin in die Erde. Die ELF-Antennen haben entweder einen geradlinigen oder einen kreisförmigen Aufbau. Ströme in der Erde, die in Phase zueinander verlaufen, werden entlang des kilometerlangen Streifens hin und her geschickt. Die schwachen alternierenden Störungen verbreiten sich über mehrere tausend Kilometer. Die Antenne in Wisconsin besteht aus zwei Leitungen, die jeweils 27 Kilometer lang sind. Die Antenne in Michigan besteht aus drei Leitungen, zwei sind 27 Kilometer, eine ist 45 Kilometer lang. Bei beiden Systemen sind die Phasen koordiniert. Beide Antennen müssen zusammenarbeiten, jede sendet einen Teil der übertragenen Nachrichten. Die Phasenkoordination erlaubt eine ELF-Strahlung ohne eine aufwendige physikalische Struktur, da dadurch koordinierte "elektrisch angetriebende" Spannungen entstehen. Jede Verbindung in den ELF-Antennen sendet jedes Signal weiter.

Das SEAFARER-System stellt eine ärmliche Lösung für eine ansonsten unmögliche Anforderung dar. Die Integrität der in Phase stehenden Wellen zwischen den beiden Stationen ist exakt. Mit koordinierten elektrisch angetriebenen Spannungen, die zwischen den beiden Stationen bestehen, verbreitet sich das ELF-Signal. Unglücklicherweise gibt es starke zerstörende Interferenzen, die die gesendeten ELF-Signalen eingrenzen. Die Ströme in der Erde haben bei den aufeinanderfolgenden Grundplatten eine neutralisierende Wirkung. Das ist der Grund, warum man diese großen Generatoren benötigte. Während der Fertigstellung des SEAFARER-Systems wurde die ELF-Technik bereits von einer anderen Kommunikationsentwicklung überholt. Der Einsatz von geostationären Satelliten, gekoppelt mit der Entwicklung von starken Mulitspektren-Lasern, gab dem Militär ein erhabenes Kommunikationssystem, das die Fähigkeiten der Funktechnik übertrumpfte.

Die ELF-Blockade

Während dieser intensiven Entwicklung nahmen die Experimentatoren an, daß die Moden des ELF-Radios ein "nicht zu störendes" Kommunikationssystem darstellten. Egal ob durch natürliche oder durch menschliche Kräfte, es wurde angenommen, daß das SEAFARER-System gegen jegliche störenden Interferenzen immun war. Als getestet wurde, wie gut sie den elektromagnetischen Störungen von bestimmten natürlichen Quellen widerstehen konnten, zeigten die ELF-Systeme eine bemerkenswerte Festigkeit. Dabei wurden nur äußerst unbedeutende Abschwächungen festgestellt, sogar die Sonnenstrahlen wirkten nicht auf die Signalstärke oder die Signalintegrität bestimmter ELF-Signale ein. Während die Experten über die Unverwüstbarkeit gegenüber natürlichen Einwirkungen staunten, merkten nur wenige, daß die ELF-Signale in Bezug auf vom Menschen hervorgerufene Störungen nicht "unbesiegbar" waren.

Mehrere amerikanische Experimentatoren stellten fest, wie leistungsfähig und unbesiegbar das SEAFARER-System sei. Doch die Tatsache, daß die im Boden übertragenen Signale im Tonfrequenzbereich offizielle Vertreter der Regierung veranlaßten, die Forscher in ihren Laboratorien zu besuchen, zeigte, daß man der Wahrheit auf die Spur gekommen war. Man hatte festgestellt, daß die Einleitung eines Signals im Tonfrequenzbereich in die Erde das angeblich unbesiegbare SEAFARER-System stören konnte! Ganz offensichtlich konnte die ELF-Technik doch blockiert werden. Jedes Signal konnte blockiert werden. Viele Ingenieure hatten über diese Tatsache bereits geschrieben, aber sie war in den wichtigsten

Projektanalysen noch nicht enthalten. Die Projektverantwortlichen veröffentlichten nun viele Schemen, die sich mit dem Verschlüsseln und Entschlüsseln von Nachrichten beschäftigten, um verschiedene Arten von Blockiermethoden zu verhindern. Andere Forscher wiederum waren von der Sache überhaupt nicht überzeugt.
Die ELF-Systeme der Sowjets konzentrierten sich auf Entwürfe, die Nikola Tesla 1899 entworfen hatte. Die Sowjets setzten bei den Entwürfen Teslas eine niedrige Frequenz ein. Sie hatten ein brilliantes und einfaches Mittel gefunden, um den Boden mit ELF-Signalen "vollpumpen" zu können. Das System verfügte bei relativ kompakten Außenmaßen über eine große Leistung. Die ELF-Signale verbreiteten sich von der monopolaren Station ausgehend als kreisförmig angeordnete Wellen elektromotorischer Spannung. Bei dieser Technik waren nur passende absorptive Kapazitätsstrukturen notwendig. Einige Leute nahmen an, daß dies ein Teil eines ELF-Blockiersystems war. Aufgrund dieser Tatsache begannen viele, das Projekt SEAFARER und andere ELF-Projekte ganz offen in Frage zu stellen. Wenn das SEAFARER-System nicht das "unbesiegbare" Radio darstellte, dann mußte man sich nun die Frage stellen, welche Absicht damit verfolgt wurde. Ende der 80er Jahre blieben die Analytiker und diejenigen, die sich der Verschwörungsidee verschrieben hatten, mit einer einmaligen Hartnäckigkeit bei diesem Thema. Diese Autoren sahen in der ELF-Technik des SEAFARER-Systems und anderen ELF-Systemen heimtückische Waffen. Mit einer vorher nicht dagewesenen Offenheit präsentierte das Militär daraufhin Berichte, in denen die Sicherheit der ELF-Technik genau erläutert wurde. Die Ingenieure, die mit dem SEAFARER-Projekt beauftragt waren, behaupteten, daß ihr neues Kom-

munikationssystem völlig harmlos und nur für die U-Boot-Kommunikation gebaut worden war.
Inzwischen erkannten andere Forscher die Gefahren der ELF-Technik für die Umwelt. Viele Forscher an den Universitäten entdeckten die elektrostatischen und magnetsichen Auswirkungen der ELF-Signale an Testpersonen. Man beobachtete emotionale und mentale Störungen, wenn die EM-Vektoren leicht modifiziert wurden (Hunt). Viele Personen "hörten" ein eigenartiges und durchdringendes "Summen", das akustisch nicht festgestellt werden konnte. Trotzdem sich die Menschen gegen die Stromerzeugungsindustrie stellten und der wachsenden Zahl von Überlandleitungen sehr kritisch gegenüberstanden, richtete sich der zivile Ärger über die weltweit angewendete ELF-Technik besonders gegen die Forschungsgruppen des Militärs. Zu diesem Zeitpunkt verstanden viele hochqualifizierte Analytiker das wahre Potential des SEAFARER-Systems falsch. Sie behaupteten, daß der ELF-Strahler töten könnte. Es wurde behauptet, daß mit dem SEAFARER-System Spitzenwerte von nahezu einem Megawatt erreicht werden könnten. Ihrer Meinung nach stellte das SEAFARER-System wesentlich mehr dar als eine Kommuniktionsvorrichtung. Sie nahmen an, wenn man das ELF-Signal mit einem Spitzenpuls "loslasse", dann würde sich eine plötzliche elektromagnetische Fluktuation durch jedes geerdete Objekt bewegen. Jeder Mensch, der diesen induktiven Effekten eines solchen Stoßes ausgesetzt wird, hätte unter schrecklichen Folgen zu leiden. Die Autoren, die der Verschwörungsidee anhängen, schrieben über das eventuell vorhandene biologische Potential der ELF-Signale. Sie behaupteten, daß das SEAFARER-System in "genozidalen" Operationen eingesetzt werden könnte.

Legale Forschungsuntersuchungen wurden nun angesetzt, um diese Behauptungen zu beweisen. Dabei stellte sich heraus, daß Herzinfarkte sogar durch geringe ELF-Effekte induziert werden konnten. Man nahm an, daß diese Effekte einfach durch Knopfdruck in jede Region übertragen werden könnten. Die beängstigenden Ergebnisse der ELF-Energie und die neurologischen Änderungen der Testpersonen wurden schließlich eingesetzt, um die unheimliche und geheimgehaltene Absicht des SEAFARER-Systems zu beweisen. Dabei wurden die vom Militär gesponserten ELF-Untersuchungen erwähnt (Grissett, deLorge, Wever). Das SEAFARER-System wurde als eine Methode angesehen, mit dem das Chaos in der Gesellschaft an Hand bewußter, neurologischer Änderungen reguliert werden konnte. Dieser Trend konzentrierte sich auf den möglichen Einsatz der ELF-Technik, der die menschliche Wahrnehmung im großen Maßstab verdrehen sollte. Bestimmte ELF-Frequenzen mit einer sehr geringen Intensität konnten Passivität, Koma, Anfälle, Schlaflosigkeit, Halluzinationen, Hysterie, Geisteskrankheit, Gewalt und mehr hervorrufen. Wenn man die Signale eines ELF-Systems auf Menschen richtete, dann könnte das für die Betroffenen verheerende Auswirkungen haben.

Die Autoren, die der Verschwörungsidee anhängen, überprüften alle ELF-Projekte aus dieser paranoiden Perspektive, und die "Kontrolle der Bevölkerung" entwickelte sich zu ihrem Hauptthema. Es gab Talkshows im Radio, Artikel in den Zeitungen und Videoaufzeichungen. Die Nachricht ging um die Welt. Bestimmte Autoren schrieben darüber, daß man mit dem Einsatz der ELF-Technik ein soziales Chaos unterdrücken könne. Das elektrische Nervengas. Gewalttätige Aufstände in Städten könnten mit ELF-Waffen unter Kontrolle gebracht

werden. Diese Autoren stellten sich vor, daß es Bunker im Untergrund geben könnte, versteckte Truppen, die mit ELF-Waffen ausgestattet waren. In ihren Hirnen spukte es von elektrischen Feuerkugeln, schwarzen Hubschraubern und Menschen, auf die diese Waffen gerichtet waren. Andere beschrieben Methoden, durch die die ELF-Induktionen zu bestimmten Regionen durch eine "Triangulation" geschickt werden könnten. Laut Bearden ist das alles jedoch völlig unmöglich. So ein großes Durcheinander verlangt nach einer klaren Erläuterung der Tatsachen. Jetzt müssen Fakten sprechen.
Die erste Tatsache: Die ELF-Signale werden über Antennen nicht sehr wirksam übertragen. Bei der ELF-Technik handelt es sich sich hauptsächlich um eine Nachrichtenübertragung im Boden. Die Folge der ELF-Signale verändert sich mit der Leitfähigkeit des Bodens. Das ist der Grund, warum die Ingenieure des ursprünglich mit SANGUINE bezeichneten Projekts der Suche nach geologisch optimalen Standorten eine ganze Studie widmeten. Die Ausbreitung der ELF-Signale ist abhängig vom Elektronenstrom an der Erdoberfläche. Obwohl bei den riesigen Antennen in Michigan und in Wisconsin in Phase stehende und geerdete Effekte eingesetzt wurden, war das sich ergebene Signal nur sehr schwach. Egal welche Antennengrößen man einsetzte, die Übertragung der ELF-Signale blieb schwach. Deshalb braucht man dafür sehr leistungsfähige Antriebe.
Die zweite Tatsache: Die Wechselströme der ELF-Technik können nicht auf jeden beliebigen Punkt der Erde gerichtet werden. Die ELF-Signale verbreiten sich über der Erdoberfläche. Die ELF-Signale breiten sich nach Verlassen ihrer Quelle aus. Die ELF-Signale können nicht fokussiert werden. Es gibt Leute, die behaupten, daß bei der ELF-Technik die Schwin-

gungsknoten und die Wellenbäuche der Signale an bestimmten Stellen der Erde konzentriert werden könnten. Um diesen Effekt zu erreichen, würde jede Station im SEAFARER-Netzwerk seinen kleinen Leistungsanteil auf ein entferntes Ziel richten.

Bei der Betriebsfrequenz des SEAFARER-Systems von 76 Zyklen beträgt die Wellenlänge 3937,82 km. Wenn man vom halben Erdumfang ausgeht, 20559 km, dann würde es etwa 5.035 Zonen für stehende Wellen an der Erdoberfläche geben. Aufgrund von Ungleichmäßikeiten beim Einstellen und bei den Eigenschaften der Erdoberfläche würden die Schwingungsknoten der ELF-Signale langsam am Boden entlang driften. Sie würden die ganze Erde umfassen und der dadurch hervorgerufene Zustand würde alle Angestellten in den Stationen töten und mit ihnen auch alle anderen, die sich in dem "Wellengang" aufhalten.

Die Behauptungen, die die "Triangulation" von ELF-Signalen betreffen, ergeben sich aus den Berichten von Autoren, die keinen Unterschied in den Energiearten und Moden von Tesla und dem Militär sahen. Tesla setzte durchdringende elektrische Strahlen ein. Das Militär verwendete elektromagnetische Wellen. Die von Tesla hervorgerufenen Effekte überragen den Bereich der elektromagnetischen Wellen. Die Strahlen können auf bestimmte Punkte gerichtet werden. Während die Sowjets die Aufbauten und Symmetrien von Teslas Methode verwendeten, setzten sie Teslas Bogenimpulse nicht ein. Obwohl die Energieversorgung dieser ELF-Motoren sehr groß ist, arbeiten sie doch nicht im echten Tesla-Modus. Die angeblich vorhandenen Methoden, um riesige ELF-Wellenenergien über große Entfernungen zu übertragen, existieren nicht.

Die dritte Tatsache: Es gibt keine Immunität für ELF-Übertragungen dieses Ausmaßes. Werden ELF-Signale in den Erdboden "geschickt", dann treten dadurch alternierende Erdströme auf. Alle geerdeten Gegenstände würden elektrisiert. Isolierte Gegenstände würden in einem überwältigenden fluktuierenden Induktionsfeld baden. Wenn eine solche genozidale Operation wirklich durchgeführt würde, dann könnte nichts und niemand diesen durchdringenden ELF-Energien entfliehen. Würde eine solche Operation aktiviert, dann würde jeder darunter leiden und sterben. Jeder. Das beinhaltet auch das Personal, das ein solches System bedient. Keine ELF-Station bleibt immun gegenüber ihren eigenen ausgegebenen Signalen. Bei der Durchführung eines solchen absurden Unternehmens würde das Personal in den Stationen von der Übertragung beim ersten Schließen des Schalters getroffen werden. In Wahrheit konnte nur Tesla so einen Zustand erreichen, indem er gleichgerichtete Pulse in seinen Systemen einsetzte.
Die vierte Tatsache: Die ELF-Technik kann nicht die neurologischen Effekte der ULF-Frequenzen, bei 7, 8, 9 oder 10 Zyklen pro Sekunde, hervorrufen. Das SEAFARER-System ist begrenzt auf eine Betriebsfrequenz von 76 Zyklen pro Sekunde. Das SEAFARER-System kann nicht bei den ultraniedrigen Frequenzen betrieben werden. Wir sehen somit, daß solche störenden Einsätze des SEAFARER-Systems bei einer realen Betrachtung der Dinge nicht möglich ist. Aber hier liegt eine geniales Geheimnis vor. Wenn das SEAFARER-System so schwach ist, daß Amateure seinen Betrieb stören können, warum ist es dann unter Umständen so wertvoll?

Nikola Tesla

Die Übertragung elektrischer Energie ohne Drähte als Mittel zur Sicherung des Friedens

Die Übertragung elektrischer Energie ohne Drähte als Mittel zur Sicherung des Friedens

(Erschienen am 7. Jan. 1905 in "Electrical World and Engineer")

Es müssen nicht unbedingt Äonen vergehen, bis ein weltweiter Frieden erreicht werden kann, selbst wenn dies sehr wahrscheinlich ist, wenn man von den geringen Erfolgen reformatorischer Bewegungen ausgehen kann. Wenn man die Menschheit als eine Masse, die sich in Bewegung befindet, betrachtet, dann ist diese untrennbar mit einer Schwerfälligkeit und einem Festhalten an ihre Lebensmanifestationen verbunden. Dies bedeutet jedoch nicht, dass jede vorübergehende Phase oder jeder dauernde Zustand durch einen "stataklitischen" Entwicklungsprozess zustande kommt.

Die allgemein akzeptierten Ansichten in Bezug auf die Dauer von Metamorphosen oder natürlichen Veränderungen im allgemeinen sind in letzter Zeit ins Wanken geraten. Die Basis der Wissenschaft wurde erschüttert. Wir können nicht mehr länger an die Maxwellsche Hypothese von transversalen Äther-Undulationen und an die wortwörtliche Auslegung seiner Schlussfolgerungen glauben. Die praktische Verwendung von elektrischen Schwingungen, wahrscheinlich das bedeutendste Gebiet für den menschlichen Fortschritt, vor allem zur Förderung der Menschenliebe und des Friedens, wurde sehr stark durch irgendwelche Illusionen aufgehalten, die ich schon seit langer Zeit zu zerstreuen versuche. Ich habe mit Befriedigung die ersten Anzeichen einer Veränderung in den wissenschaftlichen Ansichten bemerkt. Die brillante Entdeckung der aussergewöhnlichen "radioaktiven" Substanzen Radium und Polonium durch Frau Sklodowska Curie hat mich persönlich sehr zufriedengestellt, da es sich hierbei um eine herausragende Bestätigung meiner früheren experimentellen Demonstration von elektrifizierten strahlenden Strömen von Urmaterie oder korpuskularen Abstrahlungen handelt (siehe *Electrical Review,* 1896-97), die zur damaligen Zeit mit Unglauben aufgenommen wurde. Dies hat uns aus dem poetischen Traum von einem immateriellen Überträger der Energie herausgerissen, eines gewichtslosen und strukturlosen Äthers, und uns zu einer klar vorstellbaren Realität eines nicht gewichtslosen Mediums aus festen Teilchen oder körperlichen Überträgers der Kraft geführt. Hierdurch sind wir zu einer radikal neuen Interpretation der Veränderungen und Transformationen, die wir ins Herz geschlossen hatten, gelangt. Aufgrund dieser Erkenntnis können wir nicht mehr sagen, dass die Sonne heiss und der Mond kalt ist und die Sterne hell sind, denn all dies können bloße elektrische Erscheinungen sein. Falls dies wirklich der Fall ist, dann müssen wir sogar unsere Vorstellungen von Raum und Zeit ändern.

Was die organische Welt betrifft, zeichnet sich eine ähnliche Revolution in den Ansichten ab. In der biologischen und zoologischen Forschung haben die kühnen Ansichten von Hänsel ihre Bestätigung erst in den kürzlich gemachten Entdeckungen gefunden. Der häretische Glaube an solche Möglichkeiten wie die künstliche Herstellung von einfachen materiellen Aggregaten, die spontane natürliche Erschaffung von komplexen Organismen und willentliche Geschlechtsbestimmung gewinnt immer mehr an Boden. Wir schieben diese Dinge immer noch beiseite, aber nicht mehr mit einer pedantischen Geringschätzung wie früher. Tatsache ist, dass unser Vertrauen in die orthodoxe Theorie einer langsamen Evolution zerstört worden ist!

Auf diese Weise kann ein Zustand des menschlichen Lebens, der vage durch die Bezeichnung "weltweiter Frieden" definiert wird, dessen Entwicklung die ganzen vergangenen Jahrhunderte nur langsam voran geschritten ist, nun sehr *schnell* verwirklicht werden, ähnlich schnell wie sich Kristalle in einer Lösung bilden, die langsam aufbereitet worden ist. Aber genauso wie die Wirkung nicht der Ursache vorangehen kann, genauso kann dieser Zustand auch nicht durch Bündnisse zwischen Staaten erreicht werden, mögen sie auch noch so erhabener Art sein. Bevor ein Gesetz aufgestellt werden kann, müssen erst Erfahrung gesammelt werden, beides ist mit einander verbunden wie Ursache und Wirkung. So lange wir glauben, dass der Frieden das Ergebnis einer parlamentarischen Entscheidung ist, so lange haben wir den schlüssigen Beweis, dass wir noch nicht reif für diesen sind. Erst wenn wir das Gefühl haben werden, dass solche internationalen Treffen nur formale Prozeduren sind, die unnötig sind, da sie nur dazu dienen werden, einem allgemeinen Wunsch einen bestimmten Ausdruck zu verleihen, dann wird der Frieden gesichert sein.

Wenn man von den derzeitigen Ereignissen ausgeht, dann müssen wir jedoch noch sehr weit von diesem glückseligen Zustand entfernt sei. Es stimmt zwar, dass wir uns diesem Ziel schnell nähern, denn es gibt genügend Anzeichen für einen solchen Fortschritt. Der Rassenhass und Rassenvorurteile nehmen entscheidend ab. Eine Handlung seiner Exzellenz des Präsidenten der Vereinigten Staaten ist in dieser Hinsicht bezeichnend. Wir beginnen kosmisch zu denken. Unsere geistesverwandten Fühler strecken sich in weite Ferne. Der Virus des "Weltschmerzes" ist über uns gekommen. Bis jetzt ist die weltweite Harmonie allerdings nur in einem Bereich der internationalen Beziehungen verwirklicht worden, und dies ist der Postbereich. Dieser arbeitet zufriedenstellend, aber -- wie weit sind wir noch davon entfernt, einen fremden Briefkasten in jeder Beziehung als unantastbar und heilig zu betrachten! Und wie weit erst vom nächsten Meilenstein auf dem Weg zum Frieden -- einem internationalen Rechtssystem, das genauso zuverlässig ist wie die Post!

Das kommende Treffen in Hague, das nun auf unbestimmte Zeit verschoben worden ist, kann nur kurze Zeit von Nutzen sein. Da eine allgemeine Abrüstung gegenwärtig völlig unmöglich ist, ist eher eine proportionale Verringerung empfehlenswert. Die Sicherheit eines Landes und des Welthandels hängt nicht von der absoluten, sondern von der relativen Größe des Waffenpotentials ab. Dies war offensichtlich der erste vernünftige Schritt in Richtung einer Weltwirtschaft und eines weltweiten Friedens. Aber es wäre ein aussichtsloses Unterfangen, eine allgemein anerkannte Basis für eine solche Regelung zu finden. Die Bevölkerungszahl, die Stärke der Marine, die Größe der Streitkräfte, die wirtschaftliche Bedeutung, Wasserkraft oder andere natürliche Ressourcen, tatsächlicher oder zukünftiger Art sind allesamt als Standard unbefriedigend.

Hinsichtlich dieser Schwierigkeiten kann vielleicht eine Maßnahme, die von Carnegie vorgeschlagen wurde, von einigen wenigen mächtigen Ländern aufgegriffen werden, um all die Schwachen zum Frieden zu zwingen. Wenn eine solche Vorgehensweise für die heutige Zeit auch ratsam sein mag, so können die positiven Auswirkungen durch eine homöopathische Behandlung dieser martialen Krankheit doch nicht von langer Dauer sein. Erstens wird ein Bündnis der führenden Mächte zu einer organisierten Opposition führen, was zu einem größeren Desaster führen könnte, als jenes, das schon lange befürchtet wird. Dies würde mit Sicherheit zum Austritt der rechtschaffenen, friedensdiktierenden Nationen führen, und dies sollte man um so mehr bedenken, als dies eine demoralisierende Wirkung hätte. Ausserdem ist durch nichts bewiesen, dass ein Zusammenschluss einiger weniger Mächte ausreichend Autorität besäße.

Die Eroberung eines Landes durch bloße Gewalt wird in der heutigen Zeit immer schwieriger. Die Verteidigung besitzt immer mehr das Übergewicht über den Angriff, je weiter wir die teuflische Wissenschaft der Zerstörung vorantreiben. Die neue Technik der drahtlosen elektrischen Steuerung der Bewegung und der Operationen von individualisierten Automaten aus der Ferne wird unser Land schon bald in die Lage versetzen, seine Küste gegen alle Angriffe einer Kriegsflotte immun zu machen. Es ist in diesem Zusammenhang zu bedauern, dass vor vier Jahren mein Vorschlag an die amerikanische Marine, diese Erfindung einzuführen, nicht den geringsten Widerhall gefunden hat. Ebenso, dass mein Angebot für die Errichtung einer telegrafischen Kommunikation über den Pazifik durch mein drahtloses System in den Abfallkorb der Marine in Washington gelandet ist, ganz *sans facon*. Zu jener Zeit hatte ich schon im *Century Magazine* vom Juni des Jahres 1900 die erfolgreiche "Umgürtelung" des Erdballs durch elektrische Impulse (stationäre Wellen) bekannt gegeben und meine "Teleautomaten" waren öffentlich ausgestellt worden. Aber dies war nicht die Schuld der Marinebehörden, denn diese Erfindung wurde tatsächlich von denen als kühner und undurchführbarer Plan verschrien, die sich seitdem zu Krösussen für leere Versprechungen in Bezug auf die Entwicklung von "leichten" Speicherbatterien, "ozeanischer" Telefonie und "transatlantischer" drahtloser Telegrafie entwickelt und in Wirklichkeit bis heute nicht anderes als Sisyphusarbeit geleistet haben.

Wenn nur ein paar "teleautomatische" Torpedos gebaut und von der Marine übernommen worden wären, dann hätte dies einen großen und sehr günstigen Einfluss auf die derzeitigen Ostkonflikte gehabt. Ganz zu schweigen von den Vorteilen, die sich durch die erste und verzögerungsfreie Übertragung von Nachrichten und den Szenen des derzeitigen barbarischen Konflikts in unseren fernen Kolonien ergeben hätten. Seitdem ich dieses Prinzip vorstellte, habe ich eine Reihe von Verbesserungen gemacht, die es ermöglichen, ein solches Torpedo unter Wasser in jeder Richtung zu steuern -- aus einer Entfernung, die wesentlich größer ist als die Reichweite der größten Kanone -- und mit unfehlbarer Genauigkeit auf das Objekt, das zerstört werden soll, zu lenken. Und was noch erstaunlicher ist, der Bediener braucht diese Höllenmaschine nicht einmal im Blickfeld zu haben oder ihre Position zu kennen, trotzdem wird der Feind seine Bewegungen durch elektronische Mittel nicht im geringsten beeinflussen können. Einer dieser "Teufels-Teleautomaten" wird bald gebaut werden, und ich werde ihn der Regierung anbieten. Die Entwicklung dieser Technik muss unvermeidlich sowohl den Bau von teuren Kriegsschiffen als auch Landfestungen zum Stillstand bringen und die Methoden der Kriegsführung revolutionieren. Die Entfernung über die sie einen Schlag ausführen können und die Zerstörungskraft einer solchen *quasiintelligenten* Maschine, die für alle praktischen Zwecke unbegrenzt einsetzbar ist, wird dazu führen, dass Gewehre, die Panzerung von Kriegsschiffen und die Wälle von Festungen ihre Bedeutung verlieren werden. Man kann mit absoluter Sicherheit voraussagen, dass fähige Elektroingenieure die Kampfhandlungen der Zukunft bestimmen werden. Aber das sind nur die geringsten Auswirkungen. In Bezug auf den Krieg und den Frieden bietet die Elektrizität noch wesentlich größere und wunderbarere Möglichkeiten. Um den Krieg allein durch die Vervollkommnung von Zerstörungswaffen zu stoppen, wären Jahrhunderte notwendig. Es müssen andere Mittel gefunden werden, um dieses Ziel zu erreichen. Wie können diese aussehen? Lassen Sie uns einen Moment überlegen.

Kämpfe sowohl zwischen einzelnen Personen als auch Regierungen und Nationen sind grundsätzlich das Ergebnis von Missverständnissen im weitesten Sinn des Wortes. Missverständnisse haben ihre Ursache immer in der Unfähigkeit, die Meinung eines anderen zu tolerieren. Dies liegt an dem Unverständnis der betreffenden Personen, aber nicht so sehr an ihrem eigenen, sondern am *gegen-*

seitigen. Die Gefahr eines Zusammenstoßes wird durch einen mehr oder minder vorherrschenden Kampfgeist, den jedes menschliche Wesen besitzt, noch erhöht. Um diese innere Neigung zum Kampf abzubauen, ist es am besten, die Unwissenheit von anderen durch die systematische Verbreitung von Allgemeinwissen zu verringern. Im Hinblick auf dieses Ziel ist es von größter Bedeutung, den Austausch von Gedanken und gemeinsame Treffen zu unterstützen.

Durch die Verwendung einer universellen Sprache ließe sich das gegenseitige Verständnis erheblich erleichtern. Aber welche Sprache sollte verwendet werden? Das ist die große Frage. Zur Zeit sieht es so aus, als ob Englisch als Weltsprache übernommen werden könnte, obwohl zugegeben werden muss, das es nicht gerade die geeignetste Sprache ist. Jede Sprache ist in einigen Belangen den anderen Sprachen überlegen. Englisch eignet sich natürlich am besten für knappe und schlagkräftige Argumente. Italienisch ist wahrscheinlich am melodischsten und am leichtesten zu erlernen. Französisch ist präzise und fein unterscheidend. Die slawischen Sprachen sind reich an verschiedenen Tonlagen, aber extrem schwer zu erlernen. Deutsch ist unschlagbar, wenn es darum geht, Wörter zu verbinden oder zu kombinieren. Eine praktische Antwort auf diese bedeutende Frage muss auf jeden Fall in der Zukunft gefunden werden, da es eine Tatsache ist, dass durch eine gemeinsame Sprache der Fortschritt der Menschheit gewaltig beschleunigt würde. Ich glaube nicht daran, dass eine künstliche Sprache wie "Volapuk" jemals universelle Anerkennung finden wird, so zeitsparend diese auch sein mag. Dies würde der menschlichen Natur widersprechen. Die Sprache ist in unserem Herzen gewachsen. Ich ziehe eher eine Wiedereinführung der alten lateinischen oder griechischen Muttersprache in Betracht, wobei ich mich hier auf das Gesetz des Rhythmus von Spender beziehe. Es scheint ein Unglück zu sein, dass die englischsprachigen Nationen, die zwar am geeignetsten sind, die Welt zu regieren, einen großen Nachholbedarf in bezug auf die sprachlichen Fähigkeiten haben, wohingegen sie mit einer aussergewöhnlichen Energie und praktischen Begabung ausgestattet sind.

Neben der Sprache müssen wir ständige Aufzeichnungen aller Art als Mittel betrachten, um allgemeine Informationen oder jenes Wissen über *gegenseitige* Bemühungen zu verbreiten, das einer Harmonie besonders förderlich ist. In dieser Beziehung spielen die

Tesla in seinem Laboratorium in New York

Zeitschriften bei weitem die wichtigste Rolle. Sie sind zweifelsohne effektiver als Schulen, Bibliotheken, Museen und individuelle Korrespondenzen zusammengenommen. Das Wissen, das letztere vermitteln, ist im ganzen gesehen überflüssig und manchmal fehlerhaft, aber es ergießt sich in einem unaufhaltsamen Strom über die Schüler. Abgesehen vom Einfluss elektrischer Erfindungen spielt derjenige des Journalismus die größte Rolle, um den Frieden zu fördern. Unsere Schulen sind vor allem zur Vermittlung eines gründlichen Wissens unserer *eigenen* Belange nützlich, was zu einer Zerstörung der Harmonie führt. Eine Welt, die aus krassen Spezialisten besteht, würde sich ständig im Krieg befinden. Die Verbreitung von Allgemeinwissen durch die Bibliotheken und ähnliche Quellen geht sehr langsam vor sich. Was individuelle Korrespondenzen anbelangt, so sind diese hauptsächlich für den Zusammenhalt im Handel unverzichtbar, der zu den stärksten Bindegliedern zwischen den heterogenen Massen der Menschheit gehört. Es wäre schwierig, den positiven Einfluss der wunderbaren und präzisen Technik der Fotografie zu unterschätzen. Auch der Einfluss anderer Techniken darf nicht ignoriert werden. Aber eine einfache Überlegung wird zeigen, dass die friedensstiftenden Kräfte aller dauerhaften, gedruckten oder anderen Aufzeichnungen nicht in ihnen selbst liegen. Diese müssen woanders gesucht werden. Das gleiche gilt auch für die Sprache.

Unsere Sinne ermöglichen es uns nur, einen winzigen Teil der Aussenwelt wahrzunehmen. Unser Tast-, Geschmacks- und Geruchssinn benötigen einen tatsächlichen Kontakt. Unser Hörvermögen reicht nur über eine geringe Entfernung. Unser Sehvermögen wird durch Hindernisse und Schatten eingeschränkt. Um uns gegenseitig kennenzulernen, müssen wir über den Bereich unserer eigenen Sinne hinausgehen. Wir müssen unser Wissen übermitteln, reisen, Material transportieren und die Energie, die für unser Leben notwendig ist, übertragen. Wenn wir diesen Gedankengang weiter verfolgen, erkennen wir ganz deutlich, dass die vollkommene AUFHEBUNG DER ENTFERNUNG von allen Errungenschaften der Menschheit am meisten herbeigesehnt wird und den weltweiten friedlichen Beziehungen am förderlichsten wäre.

Um dieses Wunder zu erreichen, ist die Elektrizität das einzige Mittel. Die Verwendung dieses allmächtigen Hilfsmittels, dessen Natur immer noch ein Geheimnis darstellt, hat bisher schon unschätzbare Dienste geleistet. Unser Erstaunen über das Erreichte würde keine Grenzen kennen, wenn es nicht durch die Erwartung von noch größeren zukünftigen Wundern in Schach gehalten würde. Die Elektrizität besitzt drei hauptsächliche Anwendungsgebiete: *Verbreitung von Nachrichten, Transport und Energieübertragung.*

Zum ersten Punkt muss man sagen, dass die derzeitigen telegrafischen und telefonischen Kommunikationssysteme einen sehr begrenzten Aktionsradius besitzen. Die Leitungskanäle sind teuer und von geringer Leistungsfähigkeit. Es gibt ernstliche Störungen und Stürme machen diese Dienstleistung unsicher, die ausserdem zu kostspielig ist. Eine erhebliche Verbesserung könnte dadurch erreicht werden, dass man die Kabel unterirdisch verlegt und künstlich durch Kühlung isolieren würde. Ihre Leistung könnte auch unendlich gesteigert werden, wenn man auf das Prinzip der "Individualisierung" zurückgreifen würde, das ich vor nicht allzu langer Zeit vorgestellt habe und das eine simultane Übertragung Tausender telegrafischer und telefonischer Nachrichten über einen Draht ohne Interferenzen erlauben würde. Die Öffentlichkeit würde schon längst von diesem großen Fortschritt profitiert haben, wenn die führenden Gesellschaften im Bereich der Nachrichtenübertragung kein solch stures und indifferentes Verhalten an den Tag legen würden. Aber es bilden sich neue Interessensgruppen, und die nahe Zukunft wird eine große Veränderung in diesen beiden Bereichen bringen. Die transatlantischen Kabel besitzen noch wesentlich größere Beschränkungen. Einige Hindernisse, die einer schnelleren Übertragung im Weg stehen, scheinen unüberwindbar zu sein. Es sind schon unzählige Versuche unternommen worden, diese zu beseitigen, aber bisher haben sich alle als Fehlschlag erwiesen. Der gefeierte Mathematiker O. Heaviside und einige fähige Elektrotechniker, die in dessen Fußstapfen getreten sind, verfielen alle in den gleichen Fehler zu glauben, dass eine schnellere Telegrafie oder sogar Telefonie durch Ozeankabel unter Zuhilfenahme von Induktionsspulen möglich gemacht werden könnte. Diese können vielleicht bei relativ kurzen Leitungen mit dicker Papierisolierung hilfreich sein, aber bei langen Leitungen, die mit Gummi oder Gutta Percha isoliert sind, wären sie absolut nachteilig. Zweifelsohne werden Verbesserungen erzielt werden, aber die grosse elektrostatische Kapazität und der unvermeidliche Energieverlust in der Isolation und den umgebenden Leitern werden die Brauchbarkeit dieses Nachrichtenübertragungssystems, das einen empfindlichen und wertvollen Handelsnerv darstellt, immer einengen. Abgesehen von all diesen Dingen ist die Übertragung durch künstliche Leiter notwendigerweise auf eine kleine Anzahl von Stationen beschränkt.

Es ist deshalb offensichtlich, dass die Abschaffung all dieser Nachteile durch die Übertragung von Signalen oder Nachrichten ohne Drähte, wie ich sie in meinem "Welt"telegrafie- und telefoniesystem einzuführen versucht habe, für die Förderung des Friedens von größter Bedeutung sein wird. Der vereinigende Einfluss dieses großen Fortschritts wird um so größere Folgen haben, weil er nicht nur die Entfernung völlig aufheben, sondern es auch ermöglichen wird, von einer einzigen "Welt"telegrafiestation aus, eine unbegrenzte Anzahl von Empfangsstationen, die über die ganze Welt verteilt sind, zu betreiben, und zwar mit der gleichen Leichtigkeit und unabhängig vom Ort. Innerhalb von ein paar Jahren wird uns ein einfaches und billiges Gerät, das ohne weiteres herumgetragen werden kann, ermöglichen, zu Land oder zu Wasser die wichtigsten

Nachrichten zu empfangen, eine Rede, einen Vortrag, ein Lied oder ein Konzert zu hören, das aus jeder beliebigen Region der Erde übertragen wird. Diese Erfindung wird auch dem immensen Bedarf für eine billige Übertragung über große Entfernungen, vor allem über die Ozeane, Rechnung tragen. Die geringe Leistung der Kabel und die exzessiven Kosten der Nachrichten sind zur Zeit fatale Nachteile für die Verbreitung von Wissen, die nur durch die Übertragung ohne Drähte überwunden werden können.

Die Mängel der Hertzschen Telegrafie haben in der Öffentlichkeit den Eindruck erweckt, dass exklusive oder private Nachrichten ohne die Verwendung von künstlichen Kanälen nicht praktikabel ist. Tatsächlich kann nichts falscher sein als gerade dies. Seit dem ersten Auftauchen im Jahr 1891 habe ich die kommerziellen Möglichkeiten des Übertragungssystems durch Hertzsche oder elektromagnetische Wellen bestritten und meine Vorhersagen haben sich vollkommen bestätigt. Es eignet sich kaum zur Abstimmung und noch weniger zur weiter entwickelten Technik der "Individualisierung", und die Übertragung über größere Entfernungen ist völlig ausgeschlossen. Vor drei Jahren wurden in Bezug auf diese Methode der Kommunikation ominöse Ansichten vorgebracht, aber sie konnten den harten und grausamen Tests der Zeit nicht standhalten. Und mehr noch als dies, ich habe vor einiger Zeit durch das führende britische elektrotechnische Magazin (*Electrician,* London, 27. Febr. 1903), erfahren, dass einige Experimentatoren alle ihre eigenen Geräte aufgegeben haben und ohne meine Erlaubnis und offizielle Genehmigung zu meinen Methoden und Apparaten "übergelaufen" sind. Ich war erstaunt und peinlich berührt -- erstaunt über die Gleichgültigkeit und den Mangel an Anerkennung dieser Männer, peinlich berührt über die Unfähigkeit, welche diese beim Bau und bei der Verwendung meiner Geräte an den Tag legten. Meine großen Hoffnungen, die ich in dieses ausgezeichnete Magazin setze, müssen sich jedoch erst noch erfüllen, denn ich habe die Bestätigung erlangt, dass mir Seine Majestät der König von England, Seine Exzellenz der Präsident der Vereinigten Staaten und andere hochrangige Persönlichkeiten nicht die unvergängliche Ehre erwiesen haben, gnädigerweise auf die Verwendung meiner Spulen, Transformatoren und Hochspannungsübertragungsmethoden zurückzugreifen, sondern ihre majestätischen Grüße lieber auf die altmodische Weise durch ein Kabel ausgetauscht haben. Was tatsächlich durch die Hertzsche Telegrafie erreicht worden ist, kann man nur vermuten.

In meinem System sind völlig andere Verhältnisse vorhanden und die elektromagnetischen Wellen oder Strahlungen sind entscheidend verringert, wobei durch die Verbindung einer der Anschlüsse des Übertragungsstromkreises mit der Erde die Energie dieser Strahlungen auf die Hälfte reduziert wird. Durch die Beachtung entsprechender Regeln und Kunstgriffe spielt die Entfernung wenig oder gar keine Rolle, und durch die fachmännische Anwendung des schon mehrfach erwähnten Prinzips der "Individualisierung" können die Nachrichten weder beeinflusst werden noch beeinflussen sie andere Signale. Diese Erfindung, die ich in technischen Publikationen beschrieben habe, versucht in einer sehr groben Art und Weise, das menschliche Nervensystem zu imitieren. Sie war das Ergebnis einer großen Zahl von Experimenten, die gezeigt hatten, dass einfaches Abstimmen, das ich bei meinen früheren Geräten verwendet hatte und in dem die selektive Qualität von einer einzigen charakteristischen Eigenschaft abhängt, den rigorosen, kommerziellen Erfordernissen nicht gerecht werden konnte. In dieser späteren Verbesserung ergibt sich die Einzigartigkeit und Nichtbeeinflussbarkeit der durch einen gemeinsamen Kanal übertragenen Signale aus der operativen Verbindung einer Reihe von verschiedenen Elementen, und dies kann so weit getrieben werden, wie nur gewünscht wird. In der Praxis zeigt sich, dass schon durch die Kombination von zwei Schwingungen oder Tönen ein Grad der Geheimhaltung erreicht werden kann, der für die meisten Zwecke ausreichend ist. Wenn drei Schwingungen kombiniert werden, dann ist es selbst für einen geschulten Fachmann schwierig, die Signale, die nicht für ihn bestimmt sind, zu lesen oder zu stören. Bei vier Schwingungen ist dies ein hoffnungsloses Unterfangen. Die Wahrscheinlichkeit, die geheime Kombination im richtigen Moment und der richtigen Reihenfolge herauszufinden, ist wesentlich geringer als ein Vierer, Fünfer oder Sechser im Lotto. Meine experimentellen Erfahrungen haben gezeigt, dass diese Erfindung es ermöglichen wird, einige Millionen unterschiedlicher Nachrichten durch die Erde zu übertragen, die komischerweise in dieser Hinsicht einem künstlichen Leiter weit überlegen ist. Diese Anzahl sollte ausreichend sein, um den dringlichsten Erfordernissen der Nachrichtenübertragung für wenigsten ein Jahrhundert gerecht zu werden. Es sollte festgehalten werden, dass ein "Welt"telegrafenamt, wie ich es gerade fertigstelle, eine größere Übertragungskapazität besitzen wird als *alle Ozeankabel zusammen.* Wenn diese Tatsachen erst einmal erkannt sein werden, dann wird diese neue Technik, die ich gerade einführe, die Welt im Sturm erobern.

Im Transportwesen finden zur Zeit große Veränderungen statt. Die Straßenbahnlinien werden ausgebaut und die Dampflokomotive wird durch Züge ersetzt, die mit elektrischen Motoren angetrieben werden. Die Hochseekreuzer übernehmen die Turbine. Reisen über Land werden durch das Automobil erleichtert. Die Wasserfälle werden genutzt und die Energie für den Antrieb von Autos verwendet. Die Vorteile, welche die Erzeugung von Elektrizität durch eine primäre Antriebskraft und die Verwendung der Ströme für die Erzeugung von mechanischer Bewegung bietet, werden immer mehr erkannt. Für die Mehrheit erscheint dies vielleicht, als ob man sich im Kreis herum bewegt, aber in Wirklichkeit ist diese Methode genauso direkt wie der Antrieb einer Welle durch einen Riemen. Diese Methode wird schon bei den Zügen angewendet, und auch Autos dieser neuen Art tauchen schon auf. Die Ozeanschiffe werden sicherlich bald folgen. Hierdurch eröffnet sich für die Herstellung von elektrischen Maschinen ein riesiger und völlig neuer Markt. Zeit- und geldsparende Maßnahmen sind charakteristisch für alle modernen Transportmethoden. Bei vielen dieser neuen Entwicklungen wird die künstliche Isolierung von Hochspannungsleitungen durch Kühlung sehr vorteilhaft sein. So paradox es auch klingen mag, es ist trotzdem wahr, dass durch die Anwendung dieses Prinzips Energie für alle industriellen Zwecke über Entfernungen von Hunderten von Kilometern übertragen werden kann. Und das nicht nur ohne Verluste, sondern sogar mit einem beträchtlichen *Energiegewinn.* Dies liegt an der Tatsache, dass der Leiter wesentlich kälter ist als die Umgebung. Dieses Verfahren ist auf die Verwendung von gasförmigen Kühlmitteln beschränkt, da keine bekannte Flüssigkeit die Erzielung einer ausreichend niedrigen Temperatur in der Übertragungsleitung ermöglicht. Wasserstoff ist mit Abstand das beste Kühlmittel. Durch seine Verwendung können elektrische Eisenbahnen über beliebige Entfernungen betrieben werden. Aufgrund des geringen Ohmschen Verlustes sind die Einwände gegen das Mehrphasensystem haltlos, und es können Induktionsmotoren mit Kurzschlussanker verwendet werden. Ich glaube sogar, dass die Übertragung von großen Energiemengen durch Unterseekabel, wie z. B. von Schweden nach England, praktisch durchführbar ist. Wir werden aber erst bei einer Ideallösung des Transportproblems anlangen, wenn die völlige Aufhebung der Entfernung zu einer kommerziellen Realität geworden sein wird. An diesem Tag werden wir das Reich der Vögel erobern. Wenn die drängenden Probleme der Luftfahrt, die seit Jahrhunderten allen Lösungsversuchen standgehalten haben, gelöst sein werden, dann wird die Menschheit mit Riesenschritten voranschreiten.

Die elektrische Energie kann ohne Drähte wirtschaftlich über jede terrestrische Entfernung übertragen werden. Dies habe ich unmissverständlich in zahlreichen Beobachtungen, Experimenten und Messungen demonstriert. Diese haben gezeigt, dass es praktikabel ist, Energie aus einem Zentralkraftwerk in unbegrenzter Menge und mit einem Verlust, der *einen Bruchteil eines Prozents* nicht überschreitet, sogar über die größten Entfernungen -- 21 000 km an das andere Ende der Erde -- zu übertragen. Diese scheinbar unmögliche Tat kann nun ohne weiteres von jedem Elektriker, der mit der Konstruktion meines "Hochspannungs-Verstärkungstransmitters" vertraut ist, ausgeführt werden. Dieser ist das wunderbarste Gerät, das ich kenne, denn es ermöglicht die Erzeugung von Effekten unbegrenzter Stärke in der Erde und deren Atmosphäre. Es handelt sich hierbei im Prinzip um einen freischwingenden Sekundärkreis bestimmter Länge, der eine sehr hohe Selbstinduktion und einen geringen Widerstand besitzt, dessen einer Anschluss sich in engem direkten oder induktiven Kontakt mit der Erde befindet und dessen anderer Anschluss mit einem erhöht angebrachten Leiter verbunden ist und dem die elektrischen Schwingungen unter Resonanzbedingungen aufgezwungen werden. Um ihnen einen Eindruck von der Leistungsfähigkeit dieses wunderbaren Geräts zu geben, möchte ich feststellen, dass ich hiermit Funken, die sich über eine Länge von mehr als dreissig Metern erstreckten, erzeugt habe, die Ströme mit einer Stärke von tausend Ampere und Spannungen von ungefähr 20 Mio. Volt geführt haben. Chemisch aktive Leuchtströme haben hierbei Flächen von mehreren hundert Quadratmetern ausgefüllt, und die elektrischen Strömungen in der Umgebung haben sogar diejenigen, die von Blitzen erzeugt werden, an Stärke *übertroffen.*

Was die Zukunft auch immer bringen wird, die weltweite Anwendung dieser großartigen Prinzipien ist sicher, selbst wenn dies lange dauern wird: Mit der Eröffnung des ersten Kraftwerks wird der Unglauben den Weg für die Verwunderung und diese für die Undankbarkeit freigeben, wie immer in solchen Fällen. Die Zeit ist nicht weit entfernt, wenn die Energie aus Wasserfällen die Lebensenergie der Menschheit sein wird. Bis jetzt sind erst drei Mio. PS durch mein System der Wechselstromübertragung genutzt worden. Das ist wenig, entspricht aber trotzdem 60 Millionen zusätzlichen, unermüdlichen Arbeitern, die ohne Nahrung und Lohn für die Bevölkerung der Erde arbeiten. Das Projekt, das mir vorschwebt, sieht jedoch die Nutzung der Wasserkraft bei einer Leistung von ungefähr 150 Mio. PS vor. Sollte dies in 25 Jahren erreicht werden, was aller Wahrscheinlichkeit nach der Fall sein wird, dann wird es im Durchschnitt zwei unermüdliche Arbeiter pro Person geben. Aber noch lange vor der Verwirklichung dieser Dinge werden Kohle und Öl keine bedeutende Rolle mehr für die Aufrechterhaltung des menschlichen Lebens auf diesem Planeten spielen. Man muss bedenken, dass elektrische Energie aus Wasserfällen wahrscheinlich fünfzigmal effektiver ist als die Energie aus Brennstoffen. Da dies die perfekteste Art ist, die Sonnenenergie zu nutzen, ist die Richtung der zukünftigen materiellen Entwicklung der Menschheit klar vorgegeben. Sie wird von "weisser Kohle" leben. Wie ein Baby sich an die Brust seiner Mutter klammert, genauso wird die Menschheit an den Wasserfällen hängen. "Gib uns unseren täglichen Wasserfall", so wird das Gebet der kommenden Generation lauten. *Deus futurus est deus aquae deiectus!*

Die Tatsache, dass in der Erde stationäre Wellen erzeugbar sind, ist in vielerlei Hinsicht von größter Bedeutung für die intellektuelle Entwicklung der Menschheit. Populär ausgedrückt ist diese Erscheinung einem Echo ähnlich -- sie ist also das Ergebnis einer Reflexion. Es verlangt einen eindeutigen und unbestreitbaren experimentellen Beweis, dass der elektrische Strom, nachdem er durch die Erde gegangen ist, auf die gegenüberliegende Seite reist, von dort reflektiert wird und mit praktisch unverminderter Stärke an seinen Ausgangspunkt zurückkehrt. Die ausgehenden und die zurückkehrenden Ströme prallen aufeinander und bilden Knoten und Bäuche, die denen eines schwingenden Seiles ähnlich sind. Um die gesamte Strecke von ungefähr 42 000 km zu durchlaufen, was dem Umfang der Erde entspricht, benötigt der Strom eine bestimmte Zeitspanne, die ich ungefähr errechnet habe. Durch die Preisgabe dieses Wissens hat die Natur eines ihrer größten Geheimnisse offenbart, dessen Auswirkungen für die Menschheit nicht vorhersehbar sind. Die Tatsachen in diesem Zusammenhang sind so erstaunlich, dass es fast so scheint, dass der Schöpfer selbst diesen Planeten auf elektrische Weise konstruiert hätte, um uns hierdurch zu ermöglichen, Wunder zu vollbringen, die vor meiner Entdeckung nicht einmal in den kühnsten Träumen vorstellbar waren. Einen ausführlichen Bericht meiner Entdeckungen und Verbesserungen werde ich der Öffentlichkeit in einer speziellen Arbeit, die ich gerade vorbereite, vorstellen. Soweit sich diese jedoch auf industrielle und kommerzielle Anwendungen beziehen, werden sie in sorgfältig ausgearbeiteten Patenten publiziert werden.

Wie ich in einem früheren Artikel gesagt habe (*Electrical World and Engineer* vom 5. Mai 1904), arbeite ich seit einiger Zeit an der Konstruktion eines Kraftwerks, das 10 000 PS drahtlos übertragen wird. Die Energie wird an vielen Orten überall auf der Erde und in unterschiedlichen Mengen aufgefangen werden können. Nun sollte klar sein, dass die praktische Verwirklichung dieses Unternehmens nicht *notwendigerweise* noch lange auf sich warten lassen muss. Die Pläne könnten leicht noch in diesem Winter fertig sein, und wenn in der Zwischenzeit die Fundamente fertiggestellt würden, dann könnte das Kraftwerk im Laufe des Frühjahrs des nächsten Jahres in Betrieb gehen. Wir hätten dann eine einmalige und unschätzbar wertvolle Maschine zur Verfügung. Allein dieser *eine* Oszillator würde die Welt ein Jahrhundert voranbringen. Sein zivilisierender Einfluss könnte selbst von dem anspruchslosesten Einsiedler in der Wildnis bemerkt werden. Millionen von Instrumenten aller Art und für alle nur vorstellbaren Zwecke könnten durch diese eine Maschine betrieben werden. Durch einfache und billige Uhren, die keine Wartung benötigen und mit nahezu mathematischer Präzision laufen, könnte die weltweite Zeit übertragen werden. Börsentelegrafen und ähnliche Geräte dieser Art könnten auf der ganzen Welt im Einklang arbeiten. Es könnten Instrumente gebaut

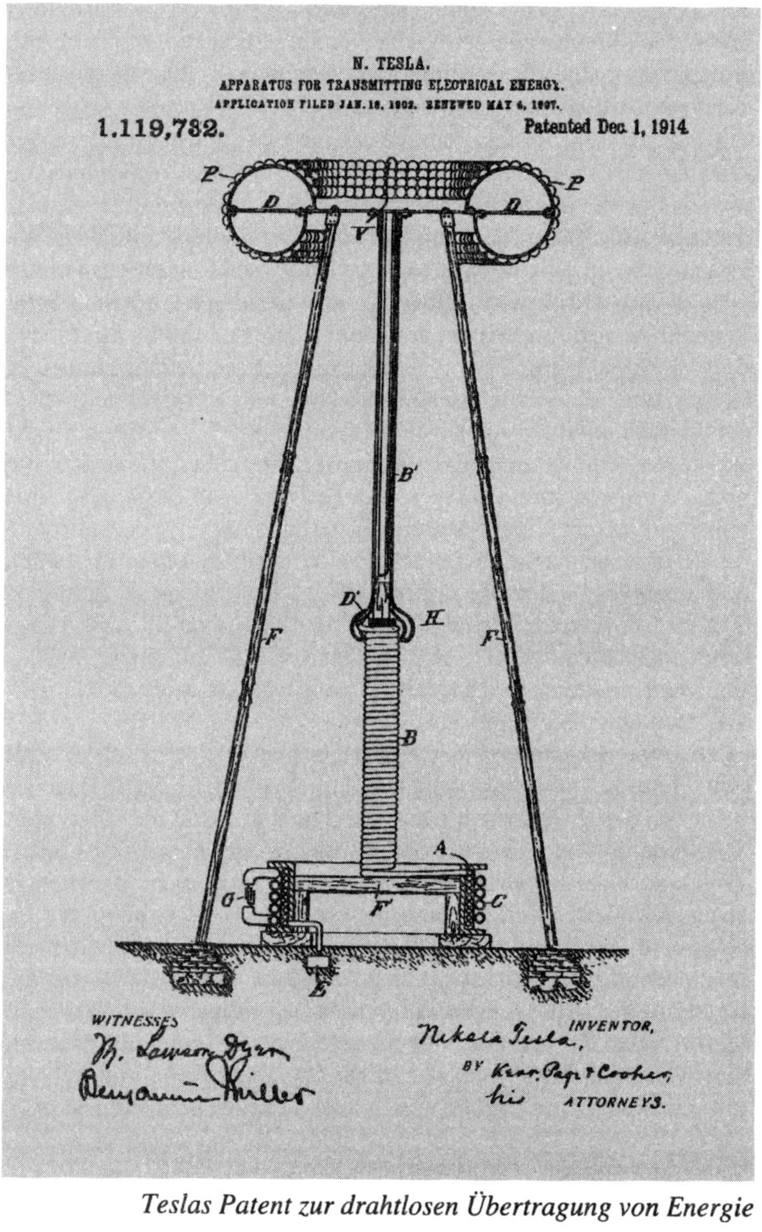

Teslas Patent zur drahtlosen Übertragung von Energie

werden, um den Kurs eines Schiffes auf See, die zurückgelegte Strecke, die Geschwindigkeit, die Zeit an jedem beliebigen Ort und die Längen- und Breitengrade zu bestimmen. Auf diese Weise könnten unschätzbare kommerzielle Vorteile gewährleistet und zahllose Unfälle und Katastrophen verhindert werden. Irgendwo kann ein Haus beleuchtet oder irgendeine andere Arbeit verrichtet werden, für die ein paar PS notwendig sind. Was jedoch wesentlich wichtiger ist als dies, es könnten hierdurch in allen Teilen der Welt Flugmaschinen angetrieben werden. Sie würden aufgrund ihres kleinen Gewichts und der großen Antriebskraft sehr große Reisegeschwindigkeiten erreichen. Es wäre meine Absicht, dieses erste Kraftwerk mehr als Mittel zur Aufklärung zu benutzen und die Energie nur in kleinen Mengen und an so vielen Orten wie nur möglich aufzufangen. Das Wissen, dass durch die Erde Energie pocht, die ohne weiteres überall erhältlich ist, wäre ein starker Ansporn für Forscher, Techniker und Erfinder auf der ganzen Welt. Hierdurch könnte die Produktivität ins Unendliche gesteigert werden. Die industrielle Produktion würde kräftig wachsen und die Bedingungen für den Handel würden besser sein als je zuvor. Der Bedarf würde immer größer sein als das Angebot. Die Eisen-, Kupfer-, Aluminium- und Kabelindustrie und viele andere würden auf jeden Fall großen und dauernden Nutzen aus dieser Entwicklung ziehen.

Die wirtschaftliche Energieübertragung ohne Drähte ist von alles überragender Bedeutung für die Menschheit. Durch ihre Hilfe wird der Mensch die absolute Herrschaft über die Lüfte, die Meere und Wüsten erringen. Sie wird den Bergbau, den Transport und das Verbrennen von Brennstoffen unnötig machen und auf diese Weise deren sündhafte Verschwendung beenden. Durch sie wird der Mensch an jedem Ort und in jeder gewünschten Menge die Energie von Wasserfällen erhalten können, um seine Maschinen anzutreiben, seine Kanäle, Tunnel und Fernstraßen zu bauen, die Materialien für seine Bedürfnisse und seine Kleidung und seine Nahrung herzustellen und um sich mit Wärme und Licht für seine Wohnung zu versorgen -- und dies jahrein, jahraus, immer, bei Tag und in der Nacht. Sie wird die lebendige, glorreiche Sonne zu seinem gehorsamen, anhänglichen Sklaven machen. Sie wird Frieden und Harmonie auf die Welt bringen.

Mehr als fünf Jahre sind jetzt seit dem schicksalhaften Gewitter vom 3. Juli 1899 vergangen, von dem ich in dem zuvor erwähnten Artikel erzählt habe, und durch das ich die terrestrischen stationären Wellen entdeckt habe; nahezu fünf Jahre, seitdem ich an diesem unvergesslichen Tag dieses große Experiment durchgeführt habe, welches mir der schwarze Donnergott in meinem großen, schrecklich lauten Laboratorium gezeigt hat. Ich habe damals gedacht, dass es ein Jahr dauern würde, bis sich mein "drahtloser Gürtel" in kommerzieller Hinsicht durchgesetzt haben würde. Aber leider! Mein erstes "Welttelegrafen"kraftwerk ist immer noch nicht fertig gestellt, sein Bau ist in den letzten zwei Jahren nur langsam vorangeschritten.

Diese Maschine, die ich baue, ist nur ein Spielzeug, ein Oszillator mit einer maximalen Leistung von 10 Mio. PS, die gerade ausreicht, um diesen Planeten durch Zeichen und Worte, durch Telegrafie und Telefonie ein wenig zu erschüttern. Wann werde ich dieses erste Kraftwerk, diesen großen Oszillator, den ich plane, vollendet sehen? Aus welchem ein Strom mit einer Spannung von 100 Mio. Volt durch die Erde rauschen wird! Der Energie mit einer Leistung von 1 Mrd. PS liefern wird -- einhundert Niagarafälle verbunden zu einem Riesenwasserfall --, der die Welt mit seinen Schlägen treffen wird, Schläge, die selbst den verschlafensten Elektriker auf dem Mars oder der Venus, falls es dort solche gibt, aus dem Schlaf reissen werden! ... Dies ist kein Traum, es ist eine *einfache Leistung der wissenschaftlichen Elektrotechnik*, nur teuer -- blinde, kleinmütige Welt! ... Die Menschheit ist noch nicht weit genug entwickelt, um sich von dem kühnen Forschergeist des Entdeckers führen zu lassen. Aber wer weiß. Vielleicht ist es in einer Welt wie der unseren besser, dass eine revolutionäre Idee oder Erfindung -- anstatt dass sie unterstützt und gehätschelt -- behindert und misshandelt wird -- durch fehlende Mittel, durch selbstsüchtige Interessen, Pedantentum, Dummheit und Unwissenheit; dass sie angegriffen und gelähmt wird; dass sie durch bittere Prüfungen und Leiden hindurch gehen und einen herzlosen wirtschaftlichen Kampf überstehen muss. *Auf diese Weise* gelangen wir ans Ziel. Auf diese Weise wurde alles Große in der Vergangenheit lächerlich gemacht, verdammt, bekämpft, unterdrückt -- nur umso mächtiger und triumphaler aus dem Kampf hervorzugehen.

Jim Keith

Bewußtseinskontrolle

Bewußtseinskontrolle und HAARP

Am 11. August 1987 wurde die U.S.-Patentnummer 4,686,605 an Dr. Bernard J. Eastlund vergeben. Die Ausgabe der New York Times vom 15. August 1987 berichtete, daß Dr. Eastlund „ein Physiker und ein Experte für die Entwicklung von Ölfeldern ist. Er ist der Berater der Atlantic Richfield Oil Company (ARCO) ... Mr. Eastlund übertrug die Patentrechte auf APTI, Inc., eine in Los Angeles ansässige Tochtergesellschaft von Atlantic Richfield."

Das Patent sagte aus, daß die Technologie folgendes könne: „Verursachung von ... totaler Zerstörung von Fernmeldesystemen in einem Großteil der Erde ... Nicht nur die Zerstörung landgestützter Fernmeldesysteme, sondern auch Fernmeldesysteme im Luftraum und auf See (sowohl überirdisch als auch unterirdisch) ... Zerstörung, Ablenkung und Verwirrung von Flugkörpern oder Flugzeugen ... Veränderung des Wetters ... durch die Veränderung der solaren Absorption ... Konzentrationen von Ozon, Stickstoff usw. könnten künstlich erhöht werden ..."

In einer Beurteilung von Dr. Eastlunds Entdeckungen im National Public Radio wurde einen Monat später berichtet, das: „Dr. Eastlund behaupte, daß seine neue Erfindung dazu verwendet werden könne, das Wetter zu verändern, indem man die Strömungsmuster des Windes in sehr großen Höhen verändere. Die Erfindung würde eine auf der Erde stationierte Stromquelle verwenden, um elektromagnetische Funkwellen zu erzeugen und sie weit oben in der Atmosphäre zu fokussieren. Dr. Eastlund sagt, daß die Erfindung Jetstreams steuern könne, aber ebenso dazu Verwendung finden könne, um Fernmeldesysteme auf der ganzen Welt zu unterbrechen. Und was vielleicht am bedeutendsten ist, sie könne dazu verwendet werden, einen Raketenangriff zu verhindern oder abzulenken." Eastlunds Geistesprodukt ist in Wirklichkeit ein verstärkendes Sendegerät von Tesla, und zwei Bezugsquellen im Patent selbst handeln von der Tesla-Technologie.

Eastlund wurde in der Radiosendung interviewt und sagte: „Ich persönlich bin nicht glücklich, daß das Patent veröffentlicht wurde. Dieses besondere Patent stand anfänglich durch das Patentamt unter Geheimhaltungsbefehl. Aber wie ich die Sache sehe, behält das Patentamt keine geheimen, grundsätzlichen und wesentlichen Informationen für sich, denn als solche wurde dieses Patent von ihnen interpretiert. Die spezifische Diskussion von militärischen Anwendungen ist geheim - und auch gesetzlich geschützt. Das ist es, was sie tun wollten."[121]

Die offensichtlich erste Verwendung der Technologie von Patent 4,686,605 war HAARP, das High-frequency Active Auroral Research Program, durchgeführt vom Verteidigungsministerium, dem Phillips Laboratory der Air Force und dem Amt für Marineforschung. Obwohl das Militär es verneint hat, daß dieses Patent mit HAARP in Zusammenhang steht, weisen Eastlunds Antworten diese Aussagen als Lügen aus.

HAARP ist eine riesige elektromagnetische Sende-Einrichtung in Gakona, Alaska, auf dem Boden einer verlassenen, über den Horizont hinausgehenden Radareinrichtung. Mit einer Fläche von 58 Acre besteht der Komplex aus 360 Hochfrequenz-Antennentürmen, die auf den Himmel gerichtet sind. Die offizielle Beschreibung des Projekts ist „eine größere arktische Ein-

---

[121] New York Times, 15. August 1987, „All Things Considered", National Public Radio, 6. September 1987

richtung für die Forschung im Bereich der oberen Atmosphäre und der Wechselwirkungen zwischen Sonne und Erde."
Hier ist ein Zitat aus Eastlunds Patent:
„In den vergangenen Jahren wurden beträchtliche Anstrengungen unternommen, um die Phänomene zu verstehen und zu erklären, die mit eingefangenen Elektronen und Ionen in Verbindung stehen, und um die Möglichkeiten zu erforschen, wie man diese Phänomene für vorteilhafte Zwecke kontrollieren und verwenden könnte. In den späten 50er Jahren und den frühen 60er Jahren, zum Beispiel, zündeten sowohl die Vereinigten Staaten als auch die UDSSR eine Reihe von Atombomben verschiedener Stärke, um große Mengen geladener Teilchen in verschiedenen Höhen, z.B. 200 Kilometer und höher, zu erzeugen ...
Dies kann dazu führen, daß Leitsysteme, die von den fortschrittlichsten Flugzeugen oder Flugkörpern verwendet werden, durcheinandergebracht, gestört oder sogar völlig vernichtet werden. Die Fähigkeit, über sehr weite Gebiete der Erde eine Vielzahl von elektromagnetischen Wellen verschiedener Frequenzen zu erzeugen und zu übermitteln und sie willentlich auf willkürliche Weise zu verändern, stellt eine einzigartige Fähigkeit dar, mit allen Arten der Kommunikation zu interferieren, an Land, auf See und/oder in der Luft gleichzeitig. Aufgrund der einzigartigen Nebeneinanderstellung von verwendbaren Brennstoffquellen an einem Punkt, wo erwünschte Feldlinien die Oberfläche der Erde schneiden, kann eine derartige weitreichende und vollständige Kommunikationsinterferenz in einer relativ kurzen Zeitspanne erreicht werden ... Daher liefert diese Erfindung die Fähigkeit, unvorhergesehene Mengen Strom an strategischen Orten in die Erdatmosphäre zu schicken und das Niveau der Stromeinspeisung beizubehalten, besonders wenn

zufälliges Pulsen auf eine Art und Weise angewandt wird, die viel präziser und besser kontrolliert ist, als es bisher mit herkömmlichen Techniken möglich war, besonders durch die Detonation von Atombomben verschiedener Stärke und in verschiedenen Höhen ... Außerdem ist es durch die Kenntnis der Frequenzen von verschiedenen elektromagnetischen Strahlen, die in der Praxis dieser Erfindung verwendet werden, möglich, nicht nur mit den Fernmeldesystemen Dritter zu interferieren, sondern auch die Wirkung eines oder mehrerer solcher Strahlen auszunützen, um ein Kommunikationsnetz aufrechtzuerhalten, selbst wenn die Systeme im Rest der Welt zerstört sind. Anders gesagt, was verwendet wird, um das Fernmeldewesen eines anderen zu zerstören, kann von einem, der diese Erfindung kennt, gleichzeitig als Kommunikationsnetz verwendet werden. Zusätzlich gilt: Wenn das eigene Kommunikationsnetz einmal etabliert ist, dann könnte das weltreichende Ausmaß der Wirkungen dieser Erfindung dazu verwendet werden, um Kommunikationssignale von anderen für geheimdienstliche Zwecke aufzufangen ...

Diese Erfindung hat eine phänomenale Verschiedenheit von möglichen Anwendungen und potentiellen zukünftigen Entwicklungen. Wie schon vorher erwähnt, könnten die Zerstörung, Ablenkung oder Verwirrung von Flugkörpern oder Flugzeugen die Folge sein, besonders wenn relativistische Teilchen verwendet werden. Auch könnten riesige Bereiche der Atmosphäre zu einer unerwartet großen Höhe angehoben werden, so daß Flugkörper unerwarteten und nicht eingeplanten Luftwiderstandskräften begegnen würden, daraus folgend dann deren Zerstörung oder Ablenkung. Veränderung im Wetter ist zum Beispiel möglich durch die Änderung der Strömungsmuster des Windes in der oberen Atmosphäre, indem man eine oder mehrere Wolken aus atmosphärischen Partikeln bildet, die als Linse oder Fokussiergerät wirken können. Wie ebenfalls zuvor bereits erwähnt wurde, kann eine molekulare Modifikation der Atmosphäre stattfinden, so daß positive Wirkungen auf die Umwelt erreicht werden können. Neben der tatsächlichen Veränderung der molekularen Zusammensetzung eines atmosphärischen Bereichs, können entweder ein besonderes Molekül oder einige besondere Moleküle für ein verstärktes Vorkommen ausgewählt werden. Zum Beispiel könnten die Konzentrationen von Ozon, Stickstoff usw. in der Atmosphäre künstlich erhöht werden. Auf ähnliche Weise könnten Verbesserungen für die Umwelt erreicht werden, indem man das Aufbrechen verschiedener chemischer Einheiten wie Kohlendioxid, Kohlenmonoxid, Stickoxide und ähnliche bewirkt..."

Interessanterweise wurde eine vielleicht noch genauere Beschreibung dessen, was die elektromagnetische Sendeanlage von HAARP leisten kann, vor vielen Jahren in der Ausgabe der *New York Times*[122] veröffentlicht. Diser Artikel wird auch im Patent von Eastlund zitiert.

„Nikola Tesla", so beginnt der Artikel, „der Erfinder, hat sich für die wichtigsten Teile einer Maschine um Patente beworben, einer Maschine, deren Möglichkeiten die Vorstellungskraft eines Laien auf die Probe stellen und eine Parallele zu Thor versprechen, der seine Blitze vom Himmel herabschleuderte, um die zu bestrafen, die die Götter verärgert hatten ... Es reicht zu sagen, daß die Erfindung sich mit einer Geschwindigkeit von 300 Meilen pro Sekunde durch den Raum bewegen wird, ein unbemanntes Schiff ohne Antriebsmaschine oder Flügel, durch Elektriziät ausgesandt zu jedem gewünschten Punkt auf dem

---

[122] New York Times vom 8. Dezember 1915

Globus und mit seinem Auftrag der Zerstörung, wenn sein Herr und Meister eine Zerstörung erzielen möchte.
'Es ist jetzt nicht die Zeit,' sagte Dr. Tesla gestern, 'dieses Ding in allen Einzelheiten zu erklären. Es gründet auf einem Prinzip, das in Friedenszeiten Großartiges bedeutet; es kann für Großartiges verwendet werden, wenn Krieg ist. Aber ich wiederhole, es ist jetzt nicht die Zeit, von solchen Dingen zu sprechen.'
'Es ist völlig praktikabel, elektrische Energie ohne Drähte zu übermitteln und in einer Entfernung zerstörerische Wirkungen zu erzeugen. Ich habe bereits einen drahtlosen Sender konstruiert, der dies möglich macht, und habe ihn in meinen technischen Veröffentlichungen beschrieben, wobei ich auch auf mein Patent mit der Nummer 1,119,732 verweise, das ich kürzlich erhalten habe. Mit einem Sender dieser Art sind wir in der Lage, elektrische Energie in jeder beliebigen Menge über jede beliebige Entfernung zu projizieren und sie für unzählige Zwecke zu verwenden, sowohl im Krieg als auch im Frieden. Durch die universelle Übernahme dieses Systems werden ideale Bedingungen für die Aufechterhaltung von Ruhe und Ordnung verwirklicht, denn dann wird die Energie, die für die Durchsetzung von Recht und Gerechtigkeit nötig ist, im normalen Umfang vorhanden sein, jedoch einsetzbar und jeden Augenblick verfügbar für Angriff und Verteidigung. Die übermittelte Energie muß nicht notwendigerweise zerstörerisch wirken, denn wenn die Entfernung dem untergeordnet wird, dann kann das Abziehen oder Liefern der Energie die gleichen Resultate erzielen, die jetzt durch Waffenstärken erreicht werden.'"

Ein weiterer im Patent erwähnter Artikel war ebenfalls in der *New York Times* abgedruckt[123]. Das Folgende ist ein Auszug daraus:
„Nikola Tesla, einer der wahrhaft großen Erfinder, der am 10. Juli seinen 84. Geburtstag gefeiert hat, erzählt dem Verfasser dieses Artikels, daß er bereitsteht, um der Regierung der Vereinigten Staaten das Geheimnis seines 'Teleforce' zu eröffnen, mit dem, wie er sagte, Flugzeugmotoren aus einer Distanz von 250 Meilen zum Schmelzen gebracht werden könnten, so daß eine unsichtbare Chinesische Mauer der Verteidigung um dieses Land aufgebaut werden würde ...
Diese 'Teleforce', sagte er, basiert auf einem völlig neuen Prinzip der Physik, von dem 'noch nie jemand geträumt hat'. Es ist unterschiedlich zu dem Prinzip, das in seinen Erfindungen, die sich mit der Übermittlung von elektrischem Strom über eine Distanz befassen und für die er eine Reihe von Grundsatzpatenten erhalten hat. Diese neue Art von Kraft, sagte Mr. Tesla, würde mit Hilfe eines Strahls arbeiten, der einen Durchmesser von einem Hundertmillionstel eines Quadratzentimenters hat, und könnte von einer speziellen Anlage erzeugt werden, die nicht mehr als $2 Millionen kosten würde und deren Bau nur drei Monate dauern würde.
Der Strahl, so sagte er, beinhaltet vier neue Erfindungen, wovon zwei bereits getestet worden sind. Eine davon ist eine Methode und ein Apparat zur Erzeugung von Strahlen 'und anderer Erscheinungen von Energie' in der freien Luft, wobei die Notwendigkeit eines Hochvakuums beseitigt wurde. Die zweite ist eine Methode und ein Prozeß zur Erzeugung 'sehr großer elektrischer Kraft'. Die dritte ist eine Methode zur Verstärkung die-

[123] New York Times, 22. September 1940

ser Kraft. Und die vierte ist eine neue Methode für die Erzeugung 'einer ungeheuren elektrischen abstoßenden Kraft'. Das würde den Scheinwerfer oder die Kanone des Systems darstellen. Die Spannung, um den Strahl zu seinem Ziel zu befördern, wird nach den Worten des Erfinders möglicherweise 50 Millionen Volt erreichen.
Mit dieser enormen Spannung werden, so sagte er, mikroskopisch kleine elektrische Materienteilchen auf ihren Weg der defensiven Zerstörung katapultiert. Er fügte hinzu, daß er an dieser Erfindung seit vielen Jahren gearbeitet und in letzter Zeit noch eine Reihe von Verbesserungen eingebracht hat."
Tesla spricht offensichtlich über die Technologie, die in HAARP angewandt wird.
Obwohl das Projekt nicht unter Geheimhaltung steht, kann dies ein Trick sein, da viele der Funktionen, die HAARP ausführen kann, in einer Kurzbeschreibung nicht erwähnt werden. Die Absicht des Verteidigungsministerium ist es, uns glauben zu machen, daß HAARP eine Testeinrichtung für Forschungen in der Ionosphäre ist, während andere, die dem Projekt kritisch gegenüberstehen, darauf hinweisen, daß es diese Funktion und noch viele andere besitzt.
Einer der offensichtlichen, aber nicht genannten Zwecke von HAARP ist der als Waffensystem für die Strategische Verteidigungsinitiative („Krieg der Sterne"). Eine weitere Verwendung der Technologie, die in vielen Darstellungen einschließlich des Originalpatents von Eastlund zu dieser Technologie belegt wird, ist die Wetterkontrolle. Eine andere Verwendungsmöglichkeit ist die Bewußtseinskontrolle.
Im November 1987 wurden Informationen über ein früheres Projekt zur Nordlichtstimulation veröffentlicht, die ebenfalls die

unterdrückten Anwendungsmöglichkeiten von HAARP beleuchten.[124]

„Das kräftigste Radiosignal in der Umgebung von Fairbanks ist nicht an eine Hörerschaft im Innern von Alaska gerichtet. Die China Hot Springs Station der U.S.-Regierung hat die Bezeichnung 'Starkstromanlage zur Nordlichtstimulation'. UCLA betreibt den Standort und holt sich Forscher aus dem ganzen Land dorthin. Eines der Hauptprojekte beschäftigt ein Team, das von Anthony Ferraro von der Penn State University geleitet und vom Geophysikalischen Institut der University of Alaska unterstützt wird."

Nach Angaben von *Heartland* testete Ferraros Team im Oktober 1987 „erfolgreich eine Theorie, die besagte, daß das Aufheizen der Ionosphäre die Erzeugung und Übermittlung von Radiowellen mit extrem niedriger Frequenz (ELF) möglich mache ... Die hier getestete Technik betrifft das Strahlen einer Hochspannungswelle mit 1 Million Watt in die Ionosphäre mit Hilfe eines sehr schmalen Strahls, wodurch efffektiv 80 Millionen Watt Energie erzeugt würden. 'Wenn dieser Strahl in die Ionosphäre hineinstrahlt, dann erhöht sich die Umgebungstemperatur um 50 %,' sagte Ferraro.

Der Strahl erhitzt einen großen pfannkuchenförmigen Fleck, mit einer Dicke von sechs Meilen und einem Durchmesser von 12 Meilen, in der Ionosphäre in 40 bis 60 Meilen Höhe über dem Erdboden... Wenn die Temperatur der Ionosphäre steigt, dann verändert sich der Strom, der durch die elektrisch geladenen Teilchen in der Ionosphäre erzeugt wird, und kann durch das Ein- und Ausschalten des Senders reguliert werden. Im wesentlichen erzeugt dieses Vorgehen eine Radioantenne in der Iono-

---

[124] Heartland Magazin, November 1987

sphäre, die eine Radiowelle ausschickt, die auf die Erde zurückkommt. Die Wellen haben eine extrem niedrige Frequenz."[125]

Ein Beispiel für die Art des Schadens, die HAARP anrichten kann, stammt von einem völlig anderen Projekt, einer Radareinrichtung der Air Force, die 1979 in Betrieb genommen wurde. Von seinem Standort in Cape Cod sandte der „Pave Paws"-Sender nur 1 Tausendstel der elektromagnetischen Energie von HAARP aus, aber seine Auswirkungen waren immer noch tödlich. Innerhalb von zwei Jahren entwickelten Frauen, die in den umliegenden Städten wohnten, Leukämie mit einer Häufigkeit, die um 23 % höher lag als der Staatsdurchschnitt, und verschiedene Arten von Krebs mit einer um 69 % höheren Häufigkeit als andere Frauen in Massachussetts.[1263]

Die vielleicht wichtigste mögliche Anwendung von HAARP, besonders im Kontext dieses Buches, ist Bewußtseinskontrolle und Bewußtseinsspaltung, obwohl diese Anwendungsmöglichkeit in der offiziellen Literatur niemals erwähnt wird. HAARP sendet auf den gleichen Frequenzen, die auch das menschliche Gehirn verwendet, und kann für spezifische Anwendungen auf gesamte Völkerschaften abgestimmt werden. Es ist auch denkbar, daß die Technologie dazu verwendet werden könnte, Worte und Bilder direkt in das Bewußtsein ganzer Völkerschaften hineinzuprojizieren.

HAARP wurde 1997 in Betrieb genommen, obwohl es heißt, daß es vor 2002 nicht in vollem Umfang arbeiten wird.

---

[125] Heartland, The Fairbanks, Alaska Daily News Miner, 29. November 1987

[126] Begich, Jr., Nick, „Ionospheric Interference - Another Pandora's Box?" Nexus Magazine, Oktober/November 1994

Bearden

Skalar - Technologie

Der Bohm- Aharanov- Effekt

Mit dem Aufkommen der Maxwell'schen Gleichungen wurden elektrische und magnetische Erscheinungen in einer eleganten elektromagnetischen Theorie zusammengefaßt. Diese diente als Grundlage zur Entwicklung weiterer, moderner Theorien. Leider wurden nach und nach Potentialunterschiede in der Rolle von Erscheinungen mit untergeordneter Bedeutung verbannt. Von den meisten Wissenschaftler wurde schließlich der Begriff „Potential" nur noch als eine Art mathematische Vereinbarung betrachtet, eine Rechengröße, um die Berechnungen von elektromagnetischen Vorgängen zu erleichtern.
Mit dem Erscheinen von Aharanovs und Bohms aufsehenerregender Veröffentlichung im Jahre 1959 wurde jedoch überzeugend demonstriert, daß Potentiale alles andere als nur mathematische Größen sind, sondern etwas völlig Reales. Potentiale können Partikel als Ladungsträger gezielt beeinflussen und steuern, und dies sogar in einer Region, in der alle Felder und damit die Kräfte auf Partikel zu Null geworden sind. Das steht selbstredend im völligen Gegensatz zu den klassischen Gesetzen der Physik. Es gelang jedoch inzwischen der einwandfreie experimentelle Beweis der von Bohn und Aharanov vorherberechneten Effekte.[127]

---

[127] Aharanov and D.Bohm: Significance of Electromagnetical Potentials in the Quantum Theorie" in dt.: „Die Bedeutung des elektromagnetischen Potentials in der Quantentheorie" Phys. Rev.,Second Series, Vol. 115, No.3, Augst 1, 1959, pp.485-491. (Was keiner zu glauben vermag, auch diese Veröffentlichung ist bereits 40 Jahre alt).

Der Nobelpreisträger Feyman meint hierzu (bereits vor über 10 Jahren): „Es ist unbegreiflich, daß so etwas wie dies 30 Jahre lang um uns herum sein kann, jedoch aufgrund gewisser Vorurteile über das, was ist, und das, was ohne Bedeutung ist, fortlaufend ignoriert wird.[128] Nach und nach wurde die überragende Bedeutung der Skalar-Elektromagnetik erkannt und die Erforschung der Quanten-Elektrodynamik in Gang gebracht.

Unter dem Begriff Skalar- oder Quanten-Elektrodynamik werden die quantenmechanischen Effekte und Einflüsse behandelt, die durch elektrische und magnetische Potentiale zustande gebracht werden können und das, obwohl elektrische oder magnetische Felder überhaupt nicht vorhanden sind.

---

[128] Richard P. Feyman, Robert B. Leighton and Matthew Sands: „The Feyman Lectures on Physik“ Volume II, Section 15-5, pp15-8 to 15-14

Überlichtgeschwindigkeit und Teslas drahtlose Energieübertragung

Auf diesem Neulandgebiet treten einige bemerkenswerte Effekte auf. Bei einer Veränderung der Potentiale, indessen die Kraftfelder auf Null gehalten werden, kann man in größerer Entfernung Energie „erzeugen", etwa so, als wäre sie ohne Verluste durch den Raum transportiert worden.

Es ist so, man kann sich ein elektrostatisches Skalar-Potential zunutze machen, um Energie mit jeder beliebigen Geschwindigkeit transportieren zu können.

Sie ist nicht begrenzt durch die Lichtgeschwindigkeit. Es gibt sogar Modelle, bei denen angenommen werden muß, daß Skalar-Potentiale eine unendlich große Geschwindigkeit haben, daß sie ganz einfach „überall zur gleichen Zeit" erscheinen.[129]

...

Dies ist etwas Analoges zu „Energie-Hineinstecken hier" und „Energie-Herausholen dort" ohne irgendwelche Übertragungsverluste - kurzum Teslas bereits vor 1900 formulierte Erkenntnis der „Drahtlosen Energieübertragung über große Entfernungen ohne Verluste".

---

[129] (siehe D.. Jackson: Classical Electrodynamics", Second Edition, Wiley, New York, 1975, p.223)

Man beachte: Es handelt sich hierbei aus quantenmechanischer Sicht um eine ganz spezielle Art von „Tunnel-Phänomenen“, solche, wie sie in Aharonovs und Bohms Original-Veröffentlichungen behandelt werden.

Skalar - Strahlenwaffen

Kontinuierliche Energieeinspeisung auf der Übertragerseite bewirkt ein kontinierliches Auftauchen von Energie auf der weit entfernten Interferenzseite. Ein mit kontinuierlicher Einspeisung arbeitender Störsender, der sich eines solchen Verfahrens bedient, wird z.B. all seine Sendeleistung aus sicherer Entfernung auf einen kleinen Raum z.B. rund um eine als Ziel dienende gegnerische Radarstation konzentrieren. Daß ein solcher Störsender verheerende Wirkungen verursachen kann, dürfte einleuchten. Im Gegensatz zum Herkömmlichen gibt es keine mit dem Quadrat der Stromdichte ansteigenden Verluste. Die Sendeleistung kommt in voller Größenordnung am Ziel an. In der Praxis eignet sich dieser Typ von Störsendern, um elektromagnetische oder elektronische Schaltungen in allen nur vorstellbaren technischen Geräten wie Panzern, Flugzeugen, Kraftfahrzeugen, Radar, Leit- und Kommandostellen außer Betrieb zu setzen oder zu zerstören. Er vermag auch Menschen zu töten.

Falls von zwei etwas entfernt stehenden Sendern hochenergetische Skalarwellenimpulse synchron ausgestrahlt werden, dann ereignet sich in der entfernten Interferenzzone, wo die beiden Impulse sich schneiden, ein impulsartiges Ausbrechen von herkömmlicher elektromagnetischer Energie (hierbei müssen die ausstrahlenden Sender nicht sehr weit entfernt voneinander stehen, es reicht bereits ein Abstand von einigen, wenigen Metern). Es entsteht eine „elektromagnetische Explosion" in der entfernten Schnittzone, wobei ein begleitender magnetischer Puls ausgestrahlt wird.

Beweise für die praktische Verwertung dieser Form der Waffentechnik findet sich in der Literatur.[130]

[130] (Hier nur ein minimaler Ausschnitt von Publikationen. An dieser Stelle wurden nur solche Quellen ausgesucht, die erstens absolut unumstritten sind, wie das wissenschaftliche Publikationsorgan SCIENCE, und die bereits älter sind, um aufzuzeigen, seit wievielen Jahren in Wissenschaftskreisen das Thema behandelt wird. „Scientists Fail to Solve Vela Mystery", 'Wissenschaftler versagen bei der Lösung des Vela-Geheimnisses', Science, Vol 207 pp 504; „Satellite Evidence Shows Possibility of Nuclear Test", 'Satelliten-Beweis zeigt Möglichkeit von Nukleartest', Aerospace Daily, Oct.29, 1979, p.286 „A Flash of Light", 'Ein Lichtblitz', Newsweek, Nov. 5, 79,pp 64-65; „Was it a Nuclear Device?" 'War es ein nuklearer Kunstgriff?', Newsweek, Jul.21, 80, p.15; „Debate Continues on the Bomb That Wasn't", 'Die Debatte geht weiter über die Bombe, die keine war', Science, Vol 209, pp.572-573; „Navy Lab Concludes the Vela Saw a Bomb", 'Marine-Labor stellt fest, daß man in Vela eine Bombe sah',Science Vol. 209, Aug 80, pp. 996-997).

In kriegerischen Auseinandersetzungen sind die Sender imstande, fast alle Ziele zu vernichten, z.B. Panzer , Flugzeuge, Fahrzeuge, elektrische Anlagen, Treibstoff- und Munitionslager, selbst unbrennbares Material und jeden Menschen.

Mit Hilfe von sehr eng gebündelten (fokussierten) Strahlen und bei hoher Energiezufuhr kann die Energiedichte in entfernten Zielen sehr hoch getrieben werden. Damit lassen sich Effekte unmittelbar im Inneren von Flugzeugen, Gebäuden, Bunkern etc. erzeugen, natürlich auch in Atomdepots und in Raketen mit Nuklearsprengköpfen.

Relativistische Effekte wie eine Veränderung des Zeitablaufs, des Beharrungsvermögens und der Masse eines Gegenstandes sind hiernach möglich. Danach kann sich auch die Lichtgeschwindigkeit im Vakuum ändern. Hierfür gibt es experimentelle Hinweise (inzwischen Beweise).

(Anmerkung des Hrsg.: siehe hierzu die Beschreibung der 'spontanen Verbrennungen", in dem Buch Alternative 3:[131] *„Professor Radwell machte, als wir ihn wegen der „starken" Verbrennungen an Professor Ballantines Körper bedrängten, schließlich folgende Aussage: „ ... Ballantines Körper war nicht nur verbrannt. Von ihm war kaum mehr übrig als Schlacke und versengte Knochen. Sein Schädel war aufgrund der intensiven Hitze, der er ausgesetzt gewesen war, geschrumpft, und trotzdem war seine Kleidung kaum beschädigt. Es gab kleine Ver-*

---

[131] Alternative 3, Edition Pandora, 1996, ISBN 3-89539-288-X
sowie
Keith, Alternative 3 - Die Beweise, Edition Pandora, 9/97,
ISBN 3-89539-255-3

sengungsspuren auf der Lederhülle des Steuerrades, offensichtlich dort,wo Ballantines Hände zur Zeit des Vorfalls zugefaßt hatten, aber der Rest des Fahrzeuges zeigte keine Brandspuren. ... Das ist das erste Mal, daß ich persönlich eine Spontanverbrennung bei einem Menschen gesehen habe, aber ich weiß aus Veröffentlichungen von dreiundzwanzig ähnlichen Ereignissen. Der Effekt ist vergleichbar damit, was in einem Mikrowellenherd mit einem Hähnchen geschieht, nur stärker. Das Hähnchenfleisch wird innerhalb von Sekunden gegart, obwohl die umhüllende Haut nicht verkohlt ist und das Gefäß, in dem das Hähnchen liegt, so kühl bleibt, daß man es anfassen kann. Für das Phänomen der Spontanverbrennungen ist noch keine Erklärung bekannt."

So Professor Radwell im Buch Alternative 3. Wissenschaftliche Erklärungen sind inzwischen bekannt. Auf den Spuren des HAARP-Projekts und der Entwicklung der Strahlenwaffen findet man man nun Erklärung für das, was mit Prof. Ballantine geschehen ist.)

Die vorliegenden Textausschnitte wurden dem Buch von T.E. Bearden „Der Bohm-Aharanov-Effekt, Skalarinterferometrie und sowjetische Waffentechnik“, erschienen in der Tesla Book Company, entnommen.

Die Broschüre wurde in etwas abgewandelte Form am 12.6. 1984 (!) in den offiziösen, hochkompetenten Mitteilungen „Defense and Foreign Affairs Daily“ in Washington veröffentlicht.

Das Papier unterliegt nicht, wie so manch andere Schrift, der Geheimhaltung.

Es handelt sich somit nicht um ein Geheimpapier und hat Einzug genommen in die wissenschaftliche Diskussion zu dem Thema.

Es stellt also keinen unmittelbaren, aktuellen Beitrag zum Thema HAARP-Projekt dar und wurde nur deshalb in dieses Buch aufgenommen, um aufzuzeigen, inwieweit in Wissenschaftskreisen, das Wissen um die Entwicklung von Elektromagnetischen Strahlenwaffen bereits vorhanden ist und wie weit es sich hierbei längst nicht mehr um „Außenseitertheorien“ handelt, sondern um ein angewandtes Waffensystem.

In Deutsch erscheint im Jahr 1998 das Grundlagenwerk dieses genialen Wissenschaftlers: „Skalar-Technologie und Biophysik“[132]

---

[132] Bearden, Skalar Technologie, Psychotronische Waffen, Biophysik, 9/98, Edition Neue Energien, ISBN 3-89539-250-2

Glossar

Wörterbuch/Glossar

Äther: Der Äther hat viele Namen. Etwas anderes als der „Äther" ist mit den folgenden Begriffen gemeint: das indische „Prana", das chinesische „Chi", Reichenbachs „Od", Reichs „Orgon", „Energie des Vakuums", „Nullpunktenergie", oder auch Beardens „Skalarwellenfeld", das „Tachyonenfeld", „Schwerkraftfeld", „Neutrino-Ozean" oder auch Wheelers „Quantenschaum", alles meint im Endeffekt den „Äther".
Der Äther ist die Idee einer raumfüllenden, alles durchdringenden Ur-Energie, aus der sich jegliche Energie, jegliche Materie ableitet. **Nikola Tesla** und Maxwell gingen von der Existenz dieses Äthers aus. Bereits 1899 entwickelte Tesla einen Konverter zur Nutzung der Energie des Weltalls. A.A. Michelson und Edward W. Morley führten 1887 ein Experiment durch, das sogenannte M-M-Experiment, indem sie den Nachweis erbrachten, daß es keinen Äther gibt. Einsteins Relativitäts-Theorie geht gleichfalls von der Nichtexistenz eines Äthers aus.
Die Frage, ob der Weltraum leer ist oder ob es etwas gibt, das ihn durchdringt, ist immer noch umstritten. Als gängige Lehrmeinung haben sich das M-M-Experiment und Einsteins Relativitätslehre durchgesetzt, wobei die Wissenschaftler seit nunmehr über 100 Jahren feststellen, daß sich der Weltraum in mancher Hinsicht verhält, als wäre er „flüssig".
Auch Hendrik Lorentz und George Fitzgerald behandeln den Weltraum bei ihrer berühmt gewordenen „Umwandlung" (1902) noch als Flüssigkeit. Interessanterweise greift Einstein die Lorentz-Fitzgerald Umwandlung auf, um seine Relativitätstheorie abzuleiten. Townsend Brown weist an dieser Stelle den Relativitätsirrtum Einsteins nach. (Für alle ungläubigen Leser:

Einstein weist selber, in seiner kurz vor seinem Tod geschriebenen Biographie, auf einen Fehler in der Relativitätstheorie hin). Siehe hierzu auch die von Einstein und **Schrödinger** erstellte „Vereinheitlichte Feldtheorie".
Neueste wissenschaftliche Erkenntnisse bestätigen ebenfalls wieder das Wissen, daß der Raum nicht leer ist. Daß es Potentiale und Felder gibt, die selbst in einem Vakuum wirken. Aus der Quantenphysik eines Max Planck entwickelte sich der Quantenäther. Der deutsche Physikochemiker Walter Nernst prägte 1916 den Begriff Quantenäther für die Nullpunktenergie des Vakuums. Werner Heisenberger bestätigte 1925 in seinem Unschärfeprinzip die Existenz. Endgültig dürfte der Quantenäther aber die „Leere" abgelöst haben, als der engliche Nobelpreisträger P.A.M. Dirac 1927 die Existenz des Quantenäthers in seine quantenelektrodynamische Theorie aufnahm. In einem Vakuum entstehen 'wie aus dem Nichts' Felder (Quantenfelder) und dies, obwohl die meßbaren elektrischen und magnetischen Felder im Durchschnitt Null sind. Diese Energien in einem solchen ansonsten leeren Quantenfeld reichen aus, um Elektronen und Protonen entstehen zu lassen. Die Energie, die in Einsteins „Leere" enthalten ist, scheint enorm zu sein. Ihre Existenz ist nachweisbar, in welchen Bereichen sich die Energie bewegt, ist unklar. Hier nur 2 Zahlen: Der französische Wissenschaftler Jacques Vallee geht von 57.000 Mega-Joules pro Kubikmeter aus.[133] Nach Professor John Archibald Wheeler von der Universität Texas ist in einem Kubikzentimeter Vakuum mehr Energie, als die gesamte (!) Mate-

[133] Schaffranke: Schappelers kosmischer Energie-Extraktor, 1989

rie des Universums enthält.[134] Jetzt können wir eine vage Vorstellung bekommen, wenn wir von Teslas Ätherenergie lesen oder wenn seine Schüler von Tachyonen- oder von Freier Energie sprechen.[135]

Aurora/Polarlicht: Elektrisch geladene Gasatome oder Moleküle in der Atmosphäre werden ab einer Höhe von 80 Km ionisiert und entwickeln dadurch eine natürliche Leuchtkraft. Für den Menschen sichtbar an den Polen, da die geladenen Teilchen sich am Magnetfeld der Erde orientieren, die zu den Polen hin zulaufen.

Dipolantennen: Hier im besonderen die Kreuzdipolantennen, dies sind zwei über Kreuz gewickelte Stabantennen, wird auch zum Empfang gebündelter Radiowellen benötigt.

Drahtlose Energieübertragung: Einer der wichtigsten und revolutionärsten Erfindungen des genialen Wissenschaftlers Nikola Tesla. Siehe das englische Patent Nr. 8200 und das US-Patent Nr.: 787412. Tesla baute auf Long Island einen Turm, den Wardenclyffe-Turm. Sein Finanzier stellte alle Zahlungen ein, als er erfuhr, daß der Turm nicht nur dem Senden von Radiowellen dienen sollte, sondern daß Tesla vorhatte, über diesen Turm beliebig viel Energie an jeden Punkt der Erde zu transportieren. Bereits1899 baute Tesla eine kleine Modellanla-

---

[134] Bohm: Die implizierte Ordnung, 1985 und Anderson: In search of ... zero point energy, 1987

[135] Das Freie Energie Handbuch, 3-89539-291-X und dem Homopolarhandbuch 3-89539-295-2, erscheinen beide im Jahre 1998 in der Edition Neue Energien

ge zur drahtlosen Energieübertragung.[136] Auf den Erfindungen Teslas beruhen die wesentlichen HAARP-Patente.

ELF: Extrem Low Frequency, ELF-Wellen sind langwellige Wellen mit extrem niedrigen Frequenzen. Der Frequenzbereich liegt je nach Definition zwischen 30 und 300 Hz. Andere legen den Bereich bis 1000 Hz = 1 Khz fest, es gibt aber auch Aussagen, die bis 30 Khz gehen und bereits bei 0.1 Hz anfangen. Nachfolgend eine Aufteilung:

ULF Ultra Low Frequency	0.1 - 30Hz
ELF Extreme Low Frequency	30 - 300 Hz
VLF Very Low Frequency	300 Hz - 30 kHz
LF Low Frequency	30 kHz - 300 kHz
(in dt. NF - Abk. für Niedrigfrequenz)	

Das Problem bei den ELF-Wellen ist, daß das menschliche Gehirn und zum Beispiel die Nervenzellen alle im Frequenzbereich von 0 bis 30 Hz tätig sind. Hier kann es zu Überlagerungen und Störungen kommen. Mit schwachen, ausgewählten **Modulationen** können Bewußtseinszustände bei Menschen gezielt verändert werden.

Versuche des spanischen Wissenschaftlers Delgado ergaben, daß bei Hühnerembryos ein Magnetfeld von 50 Hz ausreicht, um Mißbildungen hervorzurufen.

Feld: ist das Gebiet um eine elektrische oder magnetische Energiequelle. Elektromagnetische Felder sind meßbar, aber nur schwer zu erfassen, da sie über weniger Materialität als „Teilchen" verfügen. Beardens Skalarwellenfeld stellt hier noch weniger dar. Das Skalarwellenfeld ist das Vakuumfeld, der Ort

---

[136]. Nikola Tesla: Energieübertragung und Radiotechnik, Edition Tesla, Peiting, ISBN 3-89539-243-X

der Leere, in dem aber immer wieder, wie aus dem Nichts, virtuelle Teilchen aufblitzen.
Bei Sheldrake finden wir das „morphogenetische Feld", was Steiner die Akasha-Chronik nennt, der Bereich der platonischen Archetypen. Alle Gedanken und Handlungen haben hier eine geistige Entsprechung, ein Feldmuster. Handlungen und Gedanken treten mit diesem Urmuster in **Resonanz,** und je öfter sie gedacht oder getan werden, desto leichter denkt und handelt man so. Die Welt der Urgedanken und das, was Reichenbach „Od" nennt, was wir bei Bearden als das Skalarwellenfeld finden oder was Tesla einfach mit dem Begriff Äther bezeichnet hat, berühren sich hier. Physik und tiefe Religiosität haben hier eine gleiche Grundlage.

Galvanometer: hochempfindliches Instrument, das in der Elektrotherapie Verwendung findet. Es dient zur Messung kleiner Gleichstromspannungen.

Gravitationsfeld: lokale Raum - Zeit - Krümmungen. Als solche sind auch Beardens Skalar-Potentiale per Definition ein Grafitationsfeld und seine **Skalarwellen** somit Gravitationswellen.

Hochfrequenz: Hier Radiofrequenz, 10kHz bis 300gHz.

Interferenz: Die Überlagerung mehrerer Wellen wird Interferenz genannt. Bei einer gleichphasigen Überlagerung (Wellenberg auf Wellenberg) spricht man von einer konstruktiven Interferenz. Eine destruktive Interferenz ist demzufolge, wenn ein Wellenberg durch ein Wellental überlagert wird. Voraussetzung für eine Interferenz ist, daß die Wellen eine Zeitlang stabile Phasenbezüge haben. Ist dies gegeben, können Interferenzen, Überlagerungen auftreten. Die Wellen bilden ein kommunikatives Feld, das aufeinander ausgerichtet ist.

Ionen: Kleinste Teilchen, Atome oder Atomgruppen, die infolge Verlust eigener oder durch Anlagerung fremder Elektronen positiv oder negativ geladen sind. Nimmt das Atom ein Elektron auf, so ist es negativ geladen, gibt es ein Elektron ab, so ist es positiv geladen. Selbstverständlich können auch Gasatome Ionen bilden, zum Beispiel durch Erhitzen auf hohe Temperaturen, durch Bestrahlung mit energiereichem Licht z.B. UV-Licht (Ultraviolette Strahlen) oder durch Stoß kleinster, schneller Teilchen (Alphateilchen, Betastrahlen).

Ionosphäre: Die Schicht der Atmosphäre, die ab einer Höhe von 80 Kilometern beginnt. Die Ionosphäre ragt weit in die Exosphäre hinein und verliert sich wie diese im interplanetaren Raum. Feststellbar ist sie noch in einer Höhe von 2.000 Kilometern.
In der Thermosphäre, also in ca. 80 Kilometern Höhe, ionisieren kleinste Teilchen (siehe **Ionen**). Hier wirken die oben beschriebenen Vorgänge naturgemäß zusammen und bilden hier die Heaviside-Schicht. Ab da spricht man von der Ionosphäre.
Erdrinde und Ionosphäre haben eine Eigenschwingung von 10 Hertz, dies entspricht der Grundfrequenz der Schumann-Resonanz. Die Mikrovibrationen bei den verschiedenen menschlichen Körperzellen liegen zwischen 4 und 18 Hertz, in der überwiegenden Zahl aber zwischen 7 und 13 Hertz. Damit sind **Interferenzen** möglich. Einen faszinierenden Einblick in das Zusammenspiel Erde, Ionosphäre und menschliches Bewußtsein gibt der Wissenschaftler Bruce Cathie.

Ionosphärenheizer: Bestrahlt die äußerste Schutzschicht der Erde mit Energie, manipuliert damit den Energiegehalt und den Grad der Ionisierung. Bisher scheint nur der Heizer des HAARP-Projektes technisch in der Lage zu sein, punktgenau zu arbeiten, also ohne den üblicherweise eintretenden Streuverlust. Der fokussierte Strahl ist in der Lage, wie ein Brennglas zu arbeiten und ganze Teile der Ionosphäre aufzuheizen, sie aufgrund der Punktgenauigkeit herauszutrennen und anzuheben. Mit der Technologie können die **Jet Streams** verändert werden und je nach **Modulation** auch das Bewußtsein der Menschen.

Jet Stream: Gewaltige Orkane mit ungeheuren Kräften. Diese gewaltigen Windströme wirken an der weltweiten Wettergestaltung mit und haben oft eine Geschwindigkeit von über 400 Stundenkilometern.
Desweiteren hat man Dampfströme festgestellt. Bisher wurden 10 (5 je Hemisphäre) entdeckt. Diese Ströme fließen vom Äquator Richtung Pole, sind über 8.000 Km lang und transportieren unvorstellbare Wassermassen. Sie haben eine Fließgeschwindigkeit von ca. 165.000 Tonnen (!!!) Wasser pro Sekunde (!!!)

LF: siehe ELF

Lida-Gerät: Russisches Gerät, um Bewußtseinszustände bei Menschen zu verändern. Von amerikanischen Wissenschaftlern getestet. Führte zur Warnung des Pentagons, daß im Falle eines Konflikts davon ausgegangen werden müsse, daß das eingesetzte Personal, aufgrund russischer Technologie, nicht in jedem Fall einplanbar handelt. Prototyp der Strahlenwaffe.

Modulation: Bezeichnet die Veränderung einer Trägerwelle. Entweder verändert man deren Intensität oder die Zahl der Schwingungen (Frequenz). Fernsehen, Radio oder auch Mobilfunk sind erst durch das Aufmodulieren von Informationen auf der Trägerwelle möglich. Das, was aufmoduliert ist, entscheidet über das, was bei uns ankommt. Bewußtseinsmanipulationen sind je nach Modulation möglich. Das russische **Lida-Gerät** war in den70er Jahren eines der ersten diesbezüglichen Geräte, mit denen man Aggressionen, Ängste und absolute Beruhigungszustände erreichen konnte. Je nach Modulation können aber auch jegliche zelluläre Krankheitsmuster auf den Organismus übertragen werden.

Makrophysikalisch: Der Bereich der sichtbaren Phänomene. Gegensatz zu mikrophysikalisch, also dem Bereich, der sich mit der Molekularphysik beschäftigt.

Phase: Raumzeitliche Relativposition von Wellen. Eine Welle besteht aus der Phase, also dem jeweiligen derzeitigen Schwingungszustand der Welle, der Amplitude, also der Intensität der Welle, und der Frequenz, also der Anzahl der Schwingungen.

Plasma: Das iononisierte Gas in der Ionosphäre

Radiofrequenz: siehe ELF

Resonanz: Das Mitschwingen. Systeme mit gleicher oder ähnlicher Schwingung können in Resonanz miteinander treten. Durch das Anstoßen eines Systems, das sich in Schwingung befindet, kann mit ganz geringem Kraftaufwand ein Aufschaukeln erreicht werden, wenn das Anstoßende und das Angestoßene sich in Resonanz miteinander befinden, daß heißt, wenn der Anstoß im gleichen Rhythmus erfolgt. So können mit winzigen Anregungsenergien große Schwingungen erzeugt werden (Beispiel Anstoßen der Schaukel). Diese Erkenntnis bildet die Grundlage der Homöopathie.

Schrödinger-Gleichung: Benannt nach dem Österreicher Erwin Schrödinger (1887-1961), der gemeinsam mit Einstein die „Vereinheitlichte Feldtheorie" aufstellt, die für die Quantenphysik und damit auch für den Quantenäther unabdingbar ist.
Die Schrödinger-Gleichung relativiert die Relativitätstheorie.

Skalarwelle: Die Skalarwelle ist, um es möglichst einfach auszudrücken, eine massenlose Welle im Vakuum. Skalarwellen sind nicht an die Lichtgeschwindigkeit gebunden, da sie nicht den Gesetzmäßigkeiten der Ausbreitung des Lichtes in einem leeren Raum folgen, weil sie den sogenannten leeren Raum füllen.
Bearden geht nicht vom leeren Raum aus, sondern von ungeheuren Kräften und Energien, die durch Potentiale wirken.
Der Potentialbegriff bei Bearden weicht erheblich ab von dem Potentialbegriff der klassischen Physik.
Inzwischen physikalisch unwidersprochen ist, daß es Überlichtgeschwindigkeit gibt und daß dies auch meßbar und nachprüfbar geworden ist.
Beardens Konzept stellt sich als schlüssige Erklärung für etwas zur Verfügung, was bisher schulwissenschaftlich nicht anerkannt ist, gleichwohl es eindeutige Beobachtungen und Experimente nicht nur in der Theoretischen Physik gibt, die Beardens Aussagen bestätigen.

Tesla Welle: Identisch mit Beardens Skalarwelle

Todesstrahl: Aufsehenerregende Erfindung Nikola Teslas. Ein Patent wurde für diese Erfindung nicht eingereicht. Einzige öffentlich zugängliche Aufzeichnung in deutscher Sprache findet man in: Nikola Tesla's Waffentechnologie.[137]
Es handelt sich bei Teslas Todesstrahl um einen fokussierten, elektrisch geladenen Strahl, der Panzerungen und und und ... durchschlagen kann. Tesla fand es richtig, zwar über die technischen Möglichkeiten seiner Erfindung zu sprechen, gab diese aber nicht in allen Einzelheiten bekannt, so daß ein Nachbau und eine Weiterentwicklung nicht möglich gewesen wäre.
Seine Aufzeichnungen und Berechnungen wurden jedoch nach seinem Tod verschiedenen Wissenschaftlern bzw. Behörden zugänglich. Die Technik wurde inzwischen realisiert. Dies ist dann auch der Grund, warum die Edition Tesla, Peiting, sich zur Veröffentlichung der bisher nicht publizierten Zeichnungen und Beschreibungen veranlaßt gesehen hat.
Die New York Times veröffentlichte einen Artikel über die Todesstrahlen und gab ihm folgende Überschrift:

„Tesla enthüllt mit 78 neuen Todesstrahl
Erfindung leistungsstark genug, um 10.000 Flugzeuge in einer Entfernung von 400 km zu zerstören.
NUR DEFENSIVWAFFE.
Der Wissenschaftler berichtet in einem Interview von einem Gerät, daß töten kann, ohne Spuren zu hinterlassen.“[138]

---

[137] Nikola Tesla, Waffentechnologie - Theorien und verschiedene Artikel, Edition Nikola Tesla, 86971 Peiting, 3-89539-245-6
[138] New York Times, 11.7.1934

Tesla selber sagte über seine Entwicklung: „Meine Erfindung benötigt ein großes Kraftwerk, aber wenn es einmal errichtet ist, wird es möglich sein, alles - Mensch oder Maschine - zu zerstören.“
„Mein Gerät projiziert Teilchen, die relativ groß oder auch nur von mikroskopischer Größe sein können. Dies ermöglicht es uns, auf einem kleinen Raum über große Entfernungen das billionenfache der Energie als mit Strahlen gleich welcher Art auch immer zu übertragen. Mehrere tausend PS können auf diese Weise durch einen Teilchenstrom, der dünner ist als ein Haar, übertragen werden, so daß ihn nichts aufhalten kann.“

Tomografie: Mit der HAARP-Technologie können Erdtomografien erstellt werden, das heißt die schichtweise Sichtbarmachung der Erdkruste. Insbesondere, um Informationen über Höhlen- und Tunnelsysteme oder unterirdische Anlagen zu bekommen. Für den US-Senat eine so wichtige Aufgabe, daß sie Gelder für das HAARP-Projekt einfroren, da die Betreiber den Bereich der Forschung nicht in der vorgegebenen Zeit durchführten.

Trägerwelle: Radio, Fernsehen, Mobilfunk benötigen eine Trägerwelle, auf der weitere Informationen aufmoduliert sind. Diese **Modulationen** sind für den Informationsgehalt dessen, was bei uns ankommt, von Bedeutung. Damit aber diese Informationen bis zu uns kommen, bedarf es einer Trägerwelle.

ULF: siehe ELF

VLF: siehe ELF

Woodpecker-Signale: Russische Signale, die zu erheblichen Störungen des US-amerikanischen und kanadischen Kommunikationssystems führten. Mit dieser russischenTechnologie lassen sich Gefühle wie Ängste, Panik und Erschöpfung bei Menschen hervorrufen. Die Technologie innerhalb des HAARP-Projektes hat das daraus abgeleitete **Lida-Gerät** erheblich verfeinert und stellt somit nach Ansicht führender Biophysiker eine Möglichkeit der Bewußtseinveränderung dar.

Es folgen wichtige deutschsprachige Bücher zum Thema.
Sämtliche nachfolgenden Titel können Sie über den
Buchhandel beziehen oder direkt beim Verlag/ Vertrieb:

Michaels Verlag/Vertrieb
Sonnenbichl 12
D - 86971 Peiting

Fax: 08861-67091

Garry Vassilatos
HAARP ist mehr
ISBN 3-89539-258-8
Hardcover
ca. 600 Seiten
DM ca. 58,--
9/98

Garry Vassilatos
HAARP ist mehr

Aus dem Inhalt:

Vorwort	Symbole und Modelle
Kapitel 1	Nikola Tesla und die Strahlungsenergie
Kapitel 2	Marquis Guglielmo Marconi - das Wellenradio
Kapitel 3	Übergeordnete Direktiven und die privatisierte Militärforschung
Kapitel 4	Atomwaffen und die atomaren Hybride
Kapitel 5	Radar-EMP und die ionosphärische Streuung
Kapitel 6	Militär-VLF und die ELF-Technik
Kapitel 7	Die polare Energieforschung
Kapitel 8	Erkundung der Umlaufbahn und die Strahlungs technologie
Bibliographie	

HAARP ist all das hier in diesem Buch gesagte, aber HAARP ist noch viel mehr. Begleiten Sie den Autor Vassilatos auf eine Reise durch die Entwicklung der verschiedenen Waffentechnologien bis hin zum HAARP-Projekt.
In dem Buch „HAARP ist mehr“ lenkt er unsere Aufmerksamkeit auf einen weiteren Bereich der HAARP-Technologie.

Und auch hier stehen die interessierten Leser vor weiteren „Unfaßbarkeiten".
Nach dem Studium dieses aufsehenerregenden Werkes fragt man sich: „Was ist gewollt und was ist 'Abfallprodukt'?"
Vassilatos lehnt die „Reduzierung" von HAARP als Strahlenwaffe, Wetterkontrollinstrument und Möglichkeit der Bewußtseinskontrolle ab. Er lehnt ebenfalls die Vorstellung „HAARP als Wunderwaffe einer geheimen Regierung" ab. „Ich bin Wissenschaftler und kein Anhänger einer wie immer gearteten Weltverschwörung", wird er nicht müde zu erklären. Er führt uns zu einem anderen Aspekt des HAARP-Projekts, nicht minder brisant, nicht minder aufsehenerregend.
An dieser Stelle drucken wir den Text der Buchrückseite ab:

Die Totenglocke hat geschlagen. Das Wellenradio ist tot. Auf welche Weise wurde an Hand militärischer Untersuchungen eine komplett neue und verbesserte Kommunikationstechnologie ausgearbeitet? Die Geschichte über das Radio zeigt fremde und unbekannte Wege, auf die paranoische Schriftsteller gar nicht kommen würden. Während die Bürger vor dem Fernseher saßen, richtete sich die militärische Forschung ganz darauf, eine erstaunliche Strahlungstechnik zu entwickeln, die wesentlich besser ist, als irgend ein anderes System. Obwohl es gegenwärtig und routinemäßig eingesetzt wird, blieb diese Technik dennoch jahrzehntelang ein "offenes Geheimnis". Die darüber existierenden Patente und die relevanten Forschungsberichte wurden erst kürzlich aus dem Verborgenen geholt.
- Dieses Buch zeigt Ihnen, warum es ganz offensichtlich ist, daß weder das Militär noch private Entwickler bis jetzt die Technik von Tesla kopieren konnten.

- Warum wird der Name von H.C. Vion, ein Entwickler für Polarenergieempfänger, niemals in Ingenieurkreisen erwähnt? Wer war Dr. Selim Lernstrom, und wie inspirierten seine frühen Untersuchungen über die Polarenergieforschung Nikola Tesla, bei seinen herausragenden Errungenschaften in Colorado?
- Im ersten Weltkrieg wurden bereits die ersten Strahlungswaffen von Grindell-Matthews, Ulivi Turpain und anderen erfolgreich durch das britische Militär eingesetzt. Und wie ging es dann weiter? Wer war John Hettinger, und wie wurden seine frühen Strahlstärke -Systeme durch die Radartechnik zu Strahlungswaffen modifiziert?
- Was steckt hinter den Projekten Argus, Teak und Orange? Auf welche Weise wurde im Jahre 1962 die Ionosphäre durch die ständigen atomaren Detonationen gestört? Dieses Buch gibt Ihnen Auskunft über die beängstigenden Merkmale der EMP-Phänomene und darüber, wie diese in einer fremdartigen und tödlichen Technik eingesetzt werden. Welche verschiedenen EMP-Waffen setzten die Entwickler des Militärs in den sechziger Jahren ein? Warum wurde die Forderung nach dem Einsatz von EMP Waffen im Golfkrieg zurückgewiesen?
- Dieses Buch zeigt Ihnen, warum die amerikanischen Luftstreitkräfte die Konstruktion eines riesigen "Rückstreu"-Systems zur Fernmessung in der Ionosphäre über den Pazifik anstrebte. Hier findet man die Antwort darauf, warum die kontrollierte Erzeugung von Störungen der Ionosphäre früher, vor der Entwicklung der bemannten Raumfahrt, für das Militär wichtig war. Dieses Buch gibt Ihnen Auskunft, warum diese globalen Kommunikationssysteme nicht mehr zum neuesten Stand der Technik gehören.
- Nicht nur Waffe, nicht nur ein System zur Beeinflussung des Wetters - warum ist HAARP nicht das Programm, für das es so

viele halten? Warum kann die IRI niemals die Objektivität erreichen, über die ein paar Autoren bereits geschrieben haben? Hier erfahren Sie mehr über sehr motivierte Schriftsteller, die an die "Verschwörungsidee" glauben, und warum sie nicht fähig sind, das Geheimnis von HAARP zu finden. Warum hat Raytheon nicht aufgehört jedes für HAARP relevante Patent über Jahre hinweg zu sammeln? Um welche "Ware" handelt es sich eigentlich, die HAARP liefern soll?
- Wofür war das Projekt Sanguine ursprünglich gedacht? Hier wird Ihnen gezeigt, warum es sich nicht um ein unbesiegbares System handelt. Dieses Buch informiert darüber, warum das ELF-Zentrum des Marinekommandos schließlich aufgelöst wird.
- Wie wurden mit Hilfe von Röntgenstrahlung Bewegungen unter der Erdoberfläche festgestellt? Wie wurde Gammastrahlung bei der Kommunikation zwischen U-Booten und Kommandozentralen über Militärsatelliten eingesetzt?

Möchten Sie Antworten? Dieser komplette technische Bericht über militärische Projekte zeigt die Entwicklung jedes relevanten Projekts, das HAARP voranging. Hier werden immer nur Tatsachen erwähnt. Es gibt keine Hysterie. Dieses Buch ist mit Zitaten aus Kommunikations- und Waffenpatenten ausgestattet. Es wird Ihre Meinung über diese Welt für immer ändern.

Garry Vassilatos
HAARP ist mehr
ISBN 3-89539-258-8
Hardcover
ca. 600 Seiten
DM ca. 58,--
9/98

MVV

Michaels Verlag / Vertrieb GmbH
Sonnenbichl 12 · 86971 Peiting
Telefon 08861/59018 · Fax 08861/67091

Nachfolgend stellen wir Ihnen kurz und knapp einen wahren Schatz vor:

NIKOLA TESLA – SEINE WERKE

Bisher wurde Nikola Tesla, gewollt oder ungewollt, unterdrückt und fast vergessen. Er war vielleicht der Wissenschaftler, der das Gesicht der Welt am weitesten veränderte. Sei es seine Arbeit mit Thomas Edison, sei es seine Arbeit bei der Erfindung des Radios, seien es seine zahlreichen medizinischen Patente (u. a. Wärmestrombehandlung), seien es seine Erfindungen zum Thema drahtlose Informationsübermittlung, wie auch seine Beteiligung am Philadelphia-Experiment (Zeitexperimente). Das übelste, was die amerikanische Regierung im Namen des Star War Programs gerade praktiziert, das was bei uns unter dem Namen HAARP-Projekt gerade bekannt wird, wäre ohne Tesla nicht denkbar. Die zwölf vorliegenden Grundlagenpatente für das HAARP-Projekt basieren auf Tesla-Erfindungen. Der spektakulärste Bereich seiner Erfindungen wird mit den folgenden Begriffen verbunden: Tachionen-Energie, Freie Energie und natürlich die TESLA-TODESSTRAHLEN. Nach seinem Tod wurden enorm viele Unterlagen vernichtet. Seit einigen Jahren gibt es jedoch mehr und mehr Nachfragen und auch vereinzelte Informationen über Tesla. Bisher gibt es zwar verschiedene Bücher über Tesla, auch einige gute Biographien, ein originales Tesla-Buch ist uns jedoch nicht bekannt. Mit dieser Edition lassen wir den klaren Geist eines begnadeten Wissenschaftlers zu Wort kommen. Jemand, der unverstanden blieb für die Mehrheit der Menschen, der totgeschwiegen wurde von den jeweils Mächtigen in Politik und Wirtschaft, der oft um die Früchte seiner wissenschaftlichen Arbeit beraubt wurde, dessen Ideen und Werke in einem ungeheurem Maße mißbraucht und vergewaltigt wurden (Montauk, HAARP).

Jemand, dessen Schriften und Aufzeichnungen nach seinem Tod teilweise vernichtet wurden, dessen Technologie heute so aktuell ist, daß die weltweit größten Rüstungsunternehmen und die Vereinigten Staaten Milliardenbeträge in Patente investieren, die auf ihn aufbauen (HAARP-Projekt).

Außer im I. Band kommen keine Autoren zu Wort. Das zusammengetragene originale Tesla-Material füllt nun 6 Bücher. Die Edition hat den Anspruch, alle auf seine Originalität geprüften Tesla-Materialien zu veröffentlichen. Hier haben neben einer großen Anzahl von Patenten, Vorträgen, Artikeln und sonstigen Aufzeichnungen auch seine Original-Autobiographie und handgeschriebene Aufzeichnungen (z. B. über die Todesstrahlen und die Vakuumpumpe) Eingang gefunden.

Gesamtausgabe im Schuber:
Alle 6 Bände in Leinen gebunden und mit Lesebändchen nur 240,00 DM
ISBN 3-89539-247-2

MVV

Michaels Verlag / Vertrieb GmbH
Sonnenbichl 12 · 86971 Peiting
Telefon 08861/59018 · Fax 08861/67091

NIKOLA TESLA SEINE PATENTE

Dieser Band mit seinen ca. 800 Seiten ist das umfangreichste Nachschlagewerk seiner Erfindungen. Alle Tesla Patente haben im vollen Wortlauf, mit allen Patentzeichnungen Eingang gefunden in diesem wohl einzigartigen Werk. Die Patentschriften sind in englischer Sprache. In deutscher Sprache gab es bisher nur Sekundärliteratur über das »Genie dieses Jahrhunderts«. »Seine Patente« dürfte zusammen mit dem 6-bändigen Werk »Nikola Tesla, Seine Werke« einer Gesamtausgabe des begnadeten Wissenschaftlers gleichkommen.

ca. 800 Seiten
Preis: 148,00 DM
ISBN 3-89539-246-4

Nikola Tesla Bd. I
Hochfrequenzexperimente und Patente mit einem Artikel vom Tesla-Kenner Childress über Teslas Todesstrahlen.
Preis: 38,00 DM
ISBN 3-89539-240-5

Nikola Tesla Bd. II
Mein Leben – Energieumwandlung
Seine Autobiographie mit einem Artikel über diverse Energieerzeugungsmethoden.
Preis: 42,00 DM
ISBN 3-89539-241-3

Nikola Tesla Bd. III
Hochfrequenztechnologie
Vorträge zu diesem brisanten Thema mit zahlreichen, bisher unveröffentlichten Fotos, viele Abbildungen, davon ca. 100 bisher unveröffentlichte Fotos und Zeichnungen.
Preis: 48,00 DM
ISBN 3-89539-242-1

Nikola Tesla Bd. IV
Energieübertragung, Informationsübermittlung und Methoden der »Energieerzeugung, -umwandlung«.
Preis: 42,00 DM
ISBN 3-89539-243-X

Nikola Tesla Bd. V
Wegbereiter der neuen Medizin
Vorträge, Artikel und Erfindungen
Preis: 42,00 DM
ISBN 3-89539-244-8

Nikola Tesla Bd. VI
Waffentechnologie – Pläne und weitere Theorien. Die einzigen handgeschriebenen Aufzeichnungen über die Todesstrahlen/Vakuumpumpe, die nicht zerstört wurden. Beschreibung und ausführliche Konstruktionsangaben sowie weitere interessante Artikel und Vorträge.
Preis: 58,00 DM
ISBN 3-89539-245-6

MVV
Michaels Verlag / Vertrieb GmbH
Sonnenbichl 12 · 86971 Peiting
Telefon 0 88 61/5 90 18 · Fax 0 88 61/6 70 91

Walt & Leigh Richmond

DAS VERSCHOLLENE JAHRTAUSEND

Mahner ganz besonderer Art sind das Ehepaar Walt und Leigh Richmond. Sie ist Anthropologin und Journalistin, er ein genialer Physiker und ein Schüler Nikola Teslas. Das Ehepaar schrieb gemeinsam das Buch: »Das verschollene Jahrtausend«.
In diesem faszinierenden Werk beschreibt die Anthropologin den Untergang Atlantis, der Physiker und Teslakenner steuerte sein Wissen bei. Er, der die Patente Teslas sehr wohl kannte, wußte was mit dieser Technologie, so sie pervertiert würde, alles möglich war. Er beschreibt in dem Werk fast prophetisch die technische Entwicklung, die schlußendlich im HAARP-Projekt ihren derzeitigen Höhepunkt findet.
Anschaulich wird der Leser mit äußerst komplizierten wissenschaftlichen Zusammenhängen vertraut gemacht, förmlich spielerisch wird der Leser an ein Thema herangeführt, das zu Begreifen ihm auf der rein wissenschaftlichen Seite äußerst schwer fallen würde. Die Technologie Teslas und ihre Weiterentwicklung führt zu großen Katastrophen – detailliert beschreibt er, was alles möglich ist – Atlantis zerstörte sich aufgrund von Energieexperimenten selber.
Der Verlag schreibt über das Werk: »Mit diesem Buch haben die Autoren ein Mahnmal gegen den Machbarkeitswahn geschaffen. Das Buch beschreibt und entlarvt die militärischen Aspekte des HAARP-Projekts, bevor das Projekt begann. Das düstere Szenario eines hochkarätigen Wissenschaftlers, der seiner moralischen Verantwortung folgte und aufzeigte, wohin eine Technologie führen kann/führt, bevor sie in Form des HAARP-Projektes Wirklichkeit wurde. Heute gehören die Richmonds zu den aktiven HAARP-Kritikern.«

ca. 200 Seiten
Preis: ca. 32,00 DM
ISBN 3-89539-292-8

DAS BUCH DER ANTIGRAVITATION

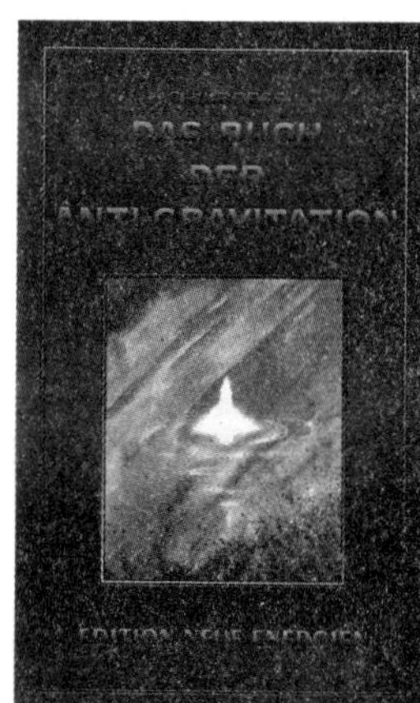

Ist die vereinte Kraftfeldenergie die Antwort auf alle Energieprobleme? In dieser wohl einmaligen Zusammenstellung wird erforscht wie Gravitation, Elektrizität und Magnetismus den Menschen beeinflussen. Weitere Themen: Ist künstliche Gravitation möglich? Welche enormen Energien können wir dadurch nutzbar machen? Der »Anti-Masse-Generator«, die Geheimnisse der Ufoantriebe, Freie Energie, Nikola Tesla und die Antikraft-Flugkörper der 20er und 30er Jahre. Texte, Ideen und Theorien von Albert Einstein, Nikola Tesla und T. Townsend Brown werden leicht verständlich dargestellt. Eingang in dieses Buch haben natürliche Antigravitations-Patente und zahlreiche Zeichnungen und Diagramme gefunden.

220 Seiten
Preis: 38,00 DM
ISBN 3-89539-267-7

MVV Michaels Verlag / Vertrieb GmbH
Sonnenbichl 12 · 86971 Peiting
Telefon 0 88 61 / 5 90 18 · Fax 0 88 61 / 6 70 91

Bruce L. Cathie

DIE HARMONIE DES WELTRAUMS

Bruce L. Cathies Forschungen begannen bereits in den 60er Jahren als er für die »New Zealand Air« als Pilot tätig war. Gegenstand seiner wissenschaftlichen Arbeiten war die heilige-harmonische Geometrie der Erde und ihr Energiesystem. In diesem Werk wird das Energiegitternetz in vielen Details beschrieben.
Er ist berühmt für seine Forschungen im Bereich »Lichtschwingung«. Diese Arbeit wird in dem Buch dokumentiert. Es wird aufgezeigt, wie das Licht auf die Erde trifft, ein Lichtgitter, um die Erde erzeugt, was wiederum die Grundlage für die gesamte physische Realität darstellt.
Das Buch nimmt Bezug auf Pythagoras und stellt erstaunliche Zusammenhänge zwischen den verschiedenen »Orten der Kraft« her. In seinem aktuellsten Buch führt er die Leserschaft in Bereiche, wo Wissenschaft und Unerforschtes zusammen kommen.
Die Mathematik des Weltgitternetzes und die Verbindungen zwischen den menschlichen Gehirnwellen, der Erde, der Ionosphäre, der Schwerkraft wie auch die überraschenden Parallelen zwischen Stonehenge, den Pyramiden auf dem Mars und und und, werden anschaulich dargestellt.
Das Buch greift darüber hinaus folgende Themen auf: Nikola Teslas Elektro-Auto, und Robert Adams Pulsed Electric Motor Generator. In dem Werk finden wir Tafeln, die die harmonische Beziehung zwischen dem Erdmagnetfeld, der Lichtgeschwindigkeit und der Antigravitation aufzeigen. Adventures Unlimited: »Das Buch ist ein Muß für alle Schüler der Freien Energie«.

Seiten ca. 300
Preis: 48,00 DM ca.
ISBN 3-89539-297-9

Beardon

SKALAR TECHNOLOGIE

– Psychotronische Waffen
– Elektromagnetische Waffen
– Biophysik

Das Erzeugen von Strahlenwaffen, von Waffen die eine Schwingung erzeugen, die den betroffenen Menschen lähmt, die Adern und Gefäße zum Platzen bringen läßt, die Konzentrationsstörungen herbeiführt, die den Menschen wie ein Steak in der Mikrowelle erhitzen läßt oder jedem lebenden Organismus jegliche Energie/Wärme entziehen läßt, sind inzwischen Realität geworden.
Die Biophysik eines T. E. Bearden und seine Aufzeichnungen bezüglich der »Skalar Technologie« sind hier zu nennen. Bearden verdanken wir einen tiefen Einblick über die Entwicklung von elektromagnetischen Strahlenwaffen. Er war einer der Ersten der bereits in den 80er Jahren sowjetische Experimente mit dieser Technologie dokumentierte: »Man beachte, daß eine ›kalte Explosion‹ mit über 240 km Durchmesser eine Interferenz-Zone mit etwa der Größe der Zentralregion des westeuropäischen Kriegsschauplatzes repräsentiert. Ein einziger Schuß aus einer solchen Waffe kann in allerkürzester Zeit nehzu alle NATO-Soldaten in diesem Gebiet in einen Eisblock verwandeln. Beachte, daß die Wärmeenergie mit Hilfe der Raum-Zeit aus dem Gebiet abgezogen worden ist. Wärmeisolation oder äußere Wärmequellen bieten keine Abwehr. Die Wärme ist buchstäblich aus dem Inneren der Körper in die umgebende Interferenzzone ›abgesaugt‹ worden. Natürlich kann derselbe Interferometer auch zur ›Energieproduktion‹ eingesetzt werden, wodurch er fast alle elektronischen Einrichtungen im Zielgebiet stören oder zerstören und explosives Material zur Detonation bringen kann.« (Das Fehlen des Hinweises bei Bearden, daß neben der NATO-Soldaten zig Millionen Zivilisten und Millionen und Abermillionen andere Lebewesen in Mitteleuropa in Tiefgefrierfleisch verwandelt werden würde, soll mit diesem Einschub ausgeglichen werden).
»Skalar Elektromagnetische Waffen sind nahezu in allen Phasen eines Krieges anwendbar, sowohl taktisch als auch strategisch und zugleich offensiv und defensiv. So können Marschflugkörper, Flugzeuge, Panzer, U-Boote, Munitionslager, etc. zerstören. Mit solchen Waffen können unfaßbar große Gebiete zerstört oder binnen Minuten ›neutralisiert‹ werden. Sie können gleichermaßen zur Wetter- und Klimabeeinflussung im weltweiten Maßstab eingesetzt werden«.
Weil kaum ein anderer Wissenschaftler seine Berechnungen, seine Messungen und seine Beobachtungen so frühzeitig, mutig und schonungslos der Öffentlichkeit vorstellte und sich dabei immer wieder bemühte, seine Berechnungen in Worte zu fassen (daß Mensch sie auch verstehen kann), hat die Edition Neue Energien das Bearden Buch »Gravitobiology – A New Biophysics« ins Deutsche übersetzt.

Preis: 58,00 DM
ISBN 3-89539-250-2

MVV Michaels Verlag / Vertrieb GmbH
Sonnenbichl 12 · 86971 Peiting
Telefon 0 88 61/5 90 18 · Fax 0 88 61/6 70 91

DAS MONTAUK PROJEKT I

I

Entdecken Sie die Wahrheit über das Phänomen Zeit!
Das »Montauk Projekt« deckt das erstaunlichste und am strengsten geheimgehaltene Forschungsprojekt der Geschichte auf. Es begann während des II. Weltkrieges mit dem »Philadelphia Experiment«, bei dem die U.S. Navy in Zusammenarbeit mit der damaligen Elite der Wissenschaft (Nikola Tesla, Albert Einstein u. a.) Versuche durchführte, das Kriegsschiff »USS Eldrige« für feindliches Radar unsichtbar zu machen. Das Projekt wurde unterbrochen, nachdem es am 12. August 1943 zu einer kompletten Teleportation des Schiffes und seiner Besatzung gekommen war.
Das »Montauk Projekt« verbindet die Modalitäten der modernen Wissenschaft mit den höchsten esoterischen Techniken und katapultiert uns letztendlich über die Schwelle des Universums und unseres Bewußtseins hinaus. Wir alle wissen, daß »da draußen« irgend etwas ist, doch wir wissen nicht genau was. Dieses Buch liefert nicht zuletzt ein paar handfeste Schlüssel darüber.

Preis: 30,00 DM
ISBN 3-89539-269-3

RÜCKKEHR NACH MONTAUK

II

Die Spurensuche geht weiter!

»Rückkehr nach Montauk« deckt die geheimen, okkulten Kräfte hinter der Wissenschaft und der Technologie auf, die beim »Montauk Projekt« verwendet wurden.
Die Verstrickungen hinter dem größten Zeitreisenprojekt der Geschichte gleichen einem reich verzierten Wandteppich, der Verflechtungen von seltsamen Verbindungen, wie beispielsweise des Cameron-Klans mit dem Ursprung der amerikanischen Raketen- und Raumfahrttechnik oder die bizarre Geschichte des elektronischen Transistors und der Magie des Aleister Crowley, Jack Parsons und L. Ron Hubbard, aufzuweisen hat.
»Rückkehr nach Montauk« bringt neue Anhaltspunkte und Namen hinter dem »Montauk Projekt« ans Tageslicht und nimmt den Leser auf eine Reise mit, die das Szenario des ersten Buches um ein Weites übersteigt.

Preis: 30,00 DM
ISBN 3-89539-270-7

MVV Michaels Verlag / Vertrieb GmbH
Sonnenbichl 12 · 86971 Peiting
Telefon 0 88 61 / 5 90 18 · Fax 0 88 61 / 6 70 91

Preston B. Nichols & Peter Moon

III

PYRAMIDEN VON MONTAUK

»Pyramiden von Montauk« enthüllt die Geheimnisse von Montauk Point und dessen spezielle Lage in bezug auf Pyramiden und Zeitreisen-Experimente.
Preston Nichols faszinierender Bericht bringt weitere neue Erkenntnisse über die geheimen Vorgänge in Montauk, wie die Entdeckung eines Teilchenbeschleunigers auf der Montauk Basis und die Entwicklung neuer psychotronischer Waffen.
»Pyramiden von Montauk« führt uns weit über die Abenteuer der beiden ersten Bücher hinaus, hinaus in die Erforschung der zukünftigen Wirklichkeit und dem Ende der Zeit, wie wir es kennen. Die Montauk-Reihe ist auf insgesamt 5 Bände angelegt. Pyramiden von Montauk ist der 3. Band. Ebenfalls bereits lieferbar ist der 4. Band: »Interviews zu Montauk«. Der 5. Band soll im Herbst 98 erscheinen und hat die finanziellen Hintergründe von Montauk zum Inhalt. Hier werden dann »Nazi-Connection« aufgezeigt.

Preis: 36,00 DM
ISBN 3-89539-272-3

DIE INTERVIEWS ZUM MONTAUK PROJEKT

IV

Duncan Cameron, Peter Moon, Nichols und Al Bielek werden in diesen Interviews befragt über ihre Erfahrungen mit dem Philadelphia Experiment und dem Montauk Projekt. Befragt über Zeitexperimente, befragt über das Gedankenkontrollprogramm der Regierung.
Für diejenigen, die die Montauk-Bücher kennen, bietet dieses Buch wertvolles Hintergrundmaterial.
Für diejenigen, welche die Montauk-Titel noch nicht kennen, kann dieses Buch ein faszinierender Einstieg sein.
Das vielleicht brisanteste Montauk-Buch.

Preis: 28,00 DM
ISBN 3-89539-271-5

MVV Michaels Verlag / Vertrieb GmbH
Sonnenbichl 12 · 86971 Peiting
Telefon 0 88 61/5 90 18 · Fax 0 88 61/6 70 91

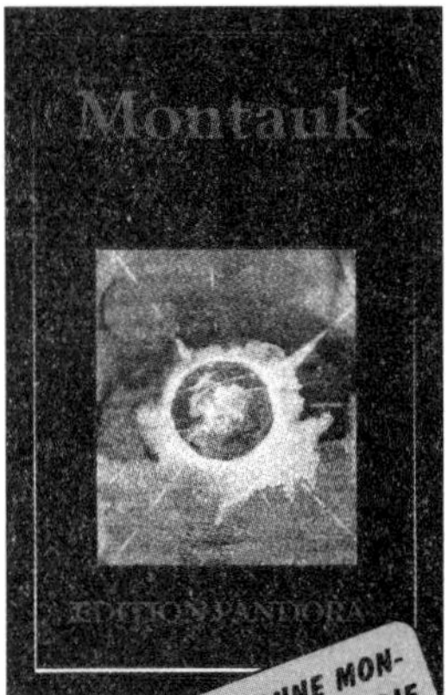

DIE SCHWARZE SONNE MONTAUK V – MONTAUK UND DIE NAZI-CONNECTION UND IHRE OKKULTEN HINTERGRÜNDE

Montauk V

DIE SCHWARZE SONNE

Aktuell – Erschreckend – Erschreckend aktuell
In diesem Buch werden die Nazi-Connections von Montauk untersucht. Montauk als ein besonderer Ort – ein Ort der Kraft – ein Ort, an dem bestimmte Experimente möglich sind – Zeitexperimente – Experimente mit dem menschlichen Bewußtsein – Experimente mit ELF-Wellen.
Montauk ein Schmelztiegel von Okkultismus, Nazigeld und modernster Wissenschaft. Science? oder Fiktion?
Nach der Lektüre dieses Buches ist ihre Welt eine andere.

Hardcover
Preis: 44,80 DM
ISBN 3-89539-259-6

DIE MEDIEN HORCHEN AUF: WIEDER EIN NEUER »SAUDER« REGIERUNGSSTELLEN DEMENTIEREN IM VORAUS

Dr. phil. Richard Sauder

UNDERGROUND – STÜTZPUNKTE UND TUNNELSYSTEME

Was versucht die Regierung zu verbergen?

Es gibt mehr Untergrundstützpunkte, als Sie denken, und da ist mehr im Gange als nur die Planung, wie man den Präsidenten im Falle eines Nuklearkrieges am Leben erhalten kann.
Dieses Buch bezieht sich auf staatliche Dokumente und Firmenakten und gräbt tief unter die Oberfläche des höchst geheimen Untergrunds der Regierung!
Kommen Sie mit hinter die Kulissen in fast unbekannte Ecken des Staatsarchivs und entdecken Sie, wie amerikanische Firmen seit Jahrzehnten verdeckt mit dem Pentagon zusammenarbeiten – sie träumten, sie planten und sie konstruierten tatsächlich verborgene Untergrundstützpunkte. Für welchen Personenkreis wird hier gebaut, was wird in den unterirdischen Labors geforscht, mit welchen Geldern, mit welchem Ziel, wo bleibt die demokratische Öffentlichkeit? Erst kürzlich aufgedeckte Informationen deuten an, daß die hier dokumentierten sonderbaren Dinge weitergehen, daß bei aller Aufklärungsarbeit immer nur die Spitze eines Eisberges zu sehen ist. Wozu z. B. wurden die injizierbaren Elektronik-Kennmarken, die so klein sind wie ein Reiskorn, entwickelt?

Hardcover
Preis: 44,80 DM
ISBN 3-89539-254-5

MVV Michaels Verlag / Vertrieb GmbH
Sonnenbichl 12 · 86971 Peiting
Telefon 0 88 61 / 5 90 18 · Fax 0 88 61 / 6 70 91

Namen und Organisationen der Geheimen Weltregierung

KOMITEE 300

CFR und Round Table, Bilderberger und Komitee 300, Geheimdienstchefs, Großindustrielle und Politiker.
Das Buch ist zweigeteilt. Im ersten Teil stellt John May anhand von umfangreichen Namensregistern die Verquickung von Politik, Industrie und Hochfinanz einfach und übersichtlich dar. Dieser 1. Teil ist kein Lesebuch, eher ein Nachschlagewerk, ein »who is who« der Machtelite.
Im 2. Teil geht der Autor auf die Macht der Global Players ein. Wie ungeheuer mächtig allein schon deutsche Firmen sind, soll hier an einigen Beispielen aufgezeigt werden. Macht am Beispiel Deutsche Bank, Macht am Beispiel deutscher Chemiekonzerne (Bayer, BASF, Hoechst), Macht am Beispiel ...

Preis: 38,00 DM
ISBN 3-89539-275-8

BEWUSSTSEINSKONTROLLE

The mind control programm

Zu den am besten gehüteten Geheimprogrammen in den Vereinigten Staaten dürften die Bereiche psychologische Kriegsführung, die »mind control«-Programme und die Überwachungsprogramme gehören ...
Länst werden diese Techniken des heißen und kalten Krieges gegen die eigene Bevölkerung geprobt/eingesetzt.
Das Buch lüftet ein Stück den Schleier, der von interessierter Seite über die Programme gelegt wird, und auch in diesem Buch stoßen wir wieder auf Montauk, auf Wilhelm Reich und Nikola Tesla.

Preis: 49,80 DM
ISBN 3-89539-290-1

MVV Michaels Verlag / Vertrieb GmbH
Sonnenbichl 12 · 86971 Peiting
Telefon 0 88 61 / 5 90 18 · Fax 0 88 61 / 6 70 91

Brian O'Leary

REISE ZU DEN INNEREN UND ÄUSSEREN WELTEN

Brian O'Leary ist Astronom, Physiker, Astronaut und NASA-Berater. Seine Forschung zum Thema »Freie Energie« hat in den Vereinigten Staaten enormes Aufsehen verursacht.
Seine ersten Forschungsergebnisse wurden gekauft und verschwanden dann, ohne daß irgend jemand erfahren hat, was daraus geworden ist. Enttäuscht von der Reaktion der NASA ist Brian O'Leary dann seinen eigenen Weg gegangen. Eigene Forschungen und die Ergebnisse zahlreicher anderer Pioniere hat der »mutige Mann der NASA« zusammengetragen. Er hat Informationen und Baupläne gesammelt, hat sich Projekte angeschaut, die sich im Bau befanden, und hat funktionierende »Freie Energie Maschinen« besichtigt. Große Unterstützung erhielt er von indischer Seite, die recht offen mit dem Thema »Freie Energie« umgehen. Bei uns erscheinen vorerst seine 3 wichtigsten Titel, einer im Herbst 97, der nächste im Frühjahr 98 und der dritte im Herbst 98.

Preis: 44,80 DM
ISBN 3-89539-289-8

Brian O'Leary

DAS ZWEITE ERWACHEN DER WISSENSCHAFT

Kaum ein hochkarätiger Wissenschaftler ist den Weg wie Brian O'Leary so konsequent gegangen und hat dabei seine Erfahrungen in diesem faszinierenden Buch festgehalten.
Der Physiker, NASA-Berater und Astronaut ist ein »Bilderbuch-Schulwissenschaftler«. Sein logisches Denk- und Urteilsvermögen haben ihn zu einem herausragenden Wissenschaftler seiner Zeit gemacht. Er forschte, bis er an Grenzen stieß. An Grenzen, die ihm die NASA stellte. Diese Grenzen nicht akzeptierend ging Brian O'Leary seinen eigenen Weg. Dieser Weg führte ihn zu dem Thema »Freie Energie« und für ihn selber überraschend zur Spiritualität.
Ab einem bestimmten Punkt verliert die Wissenschaft ihre Unschuld. O'Leary ist der Meinung, daß ein Wissenschaftler in dem Maße nach moralischer, geistiger, spiritueller Entwicklung streben sollte, wie er auf der anderen Seite um naturwissenschaftliche Erkenntnisse ringen soll.
Das zweite Erwachen der Wissenschaft ist der 2. Band aus der Brian O'Leary Triologie. Der Titel erscheint Mai 98. Der 1. Band ist ab Februar 98 lieferbar. Der 3. Band erscheint August 98.

Preis: 38,00 DM
ISBN 3-89539-251-0

MVV Michaels Verlag / Vertrieb GmbH
Sonnenbichl 12 · 86971 Peiting
Telefon 0 88 61 / 5 90 18 · Fax 0 88 61 / 6 70 91

DAS HOMOPOLAR HANDBUCH

Das Grundlagenbuch der Freien Energie

DER DURCHBRUCH IST GELUNGEN »DIE ZUKUNFT HAT BEGONNEN« FREIE ENERGIE

Das Homopolar Handbuch ist der definitive Führer für die Faradayische Scheiben-Generatoren und die N-Maschinen-Technologie. Es ist das neueste Buch von Thomas Vallone, dem Autor des Buches: »Elektro-Gravitation-Systeme«.
Tom Vallone ist einer der bekanntesten Wissenschaftler in dem Bereich Antigravitation und Freier Energie.
Das Homopolar Handbuch stellt einen Meilenstein dar bei der Aufzeichnung über Permanentmagnet-Maschinen und Freie-Energie-Maschinen. Das Buch ist bis zur letzten Seite voll von technischen Informationen, die bis ins letzte Detail gehen.
Es gibt Kapitel über »Faraday Disc Dynamo«, über »Unipolar Induction«, den »field rotation paradox« und der »Stelle Homopolar Machine«, genauso wie über »Trombly-Khan Closed-Path Homopolar Generator« und der »Sunburst Machine«.
Der Wissenschaftler schildert ausführlich die Ergebnisse zahlreicher Experimente mit den diversen Freien Energie Maschinen. Das Werk ist auch für den interessierten Laien zugänglich.

Hardcover
Preis: 78,– DM
ISBN 3-89539-295-2

DER DURCHBRUCH IST GELUNGEN »DIE ZUKUNFT HAT BEGONNEN« FREIE ENERGIE

DAS FREIE ENERGIE HANDBUCH

Ein Kompendium von Patenten und Informationen

In diesem bisher wohl einmaligen Werk findet der Leser eine Fülle von Informationen und Patenten zu den Themen: Freie Energie, Magnetmotoren, der Adams Motor, der Hans Coler Generator, Kalte Fusion, die »Superconductors«, »N« Maschinen, Kosmische-Energy-Generatoren, Nikola Tesla, T. Townsend Brown, der Bendi Motor ...
Das Kompendium enthält viele Fotos, technische Diagramme, Patente und eine Vielzahl von faszinierenden Informationen.

ca. 500 Seiten
Hardcover
Preis: ca. 78,– DM
ISBN 3-89539-291-X

MVV Michaels Verlag / Vertrieb GmbH
Sonnenbichl 12 · 86971 Peiting
Telefon 0 88 61/5 90 18 · Fax 0 88 61/6 70 91

Marc Carlotto

FASZINATION MARS

Das faszinierende und wohl aktuellste Werk zum Mars.
Haben Sie jemals das »Gesicht vom Mars« gesehen, dann haben Sie ein Marc Carlotto-Bild gesehen. Marc Carlotto hat ein gewaltiges Archiv von Marsbildern.
Ein sachlich, informatives Werk mit einer Vielzahl neuer und neuester Bilder.
Marsgesicht und Landebahnen und die Pyramiden und und und ... finden Sie in »Faszination Mars«, dazu kommt eine absolut fachgerechte und sachliche Redaktion, die das Buch zu einer informativen, wissenschaftlichen, aber auch spannenden Lektüre macht.

Preis: 38,00 DM
ISBN 3-89539-263-4

ARCHÄOLOGIE IM WELTRAUM

NASA-Fotos von Pyramiden und »Domed Cities« auf dem Mond.
NASA- und russische Fotos von Basen auf dem Mars und dem Mond.
Ein britischer Wissenschaftler der einen Tunnel auf dem Mond entdeckt.
Kreisrunde Krater auf dem Mond.
Aussagen über sehr frühe Mars- und Mond-Reisen.
Strukturelle Besonderheiten auf Venus, Saturn, Jupiter, Merkur, Uranus und Neptun.
NASA, der Mond und die Antigravitation.

ca. 300 Seiten mit zahlreichen Fotos großformatig
Preis: 58,00 DM ca.
ISBN 3-89539-293-4

MVV Michaels Verlag / Vertrieb GmbH
Sonnenbichl 12 · 86971 Peiting
Telefon 08861/59018 · Fax 08861/67091

Ekkehard Schweppenhäuser

MULTIPLE SKLEROSE

Erfahrungen und Aktivitäten zur Bewältigung einer MS

Das Buch schildert die Lebenssituation eines MS-Kranken, der schließlich einen Weg aus dieser Krankheit fand.
Das Buch hat nicht den Anspruch, die letzten Antworten auf diese Krankheit zu bieten und doch ist es voll von hilfreichen Tips und Anregungen. Hier kommt ein Betroffener zu Wort, der den Schrecken der Krankheit besiegt hat.

Preis: 18,00 DM
ISBN 3-89539-400-9

Duesberg

AIDS

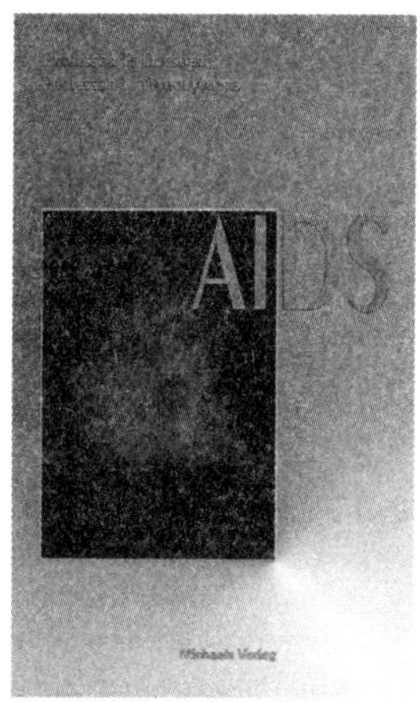

Es dürfte weltweit keinen kompetenteren AIDS-Kritiker geben als Prof. Duesberg.
Times und Spiegel widmen ihm Titelgeschichten, in der medizinischen Fachpresse wird er als Koryphäe gefeiert oder aber totgeschwiegen.
Seine Kritik ist grundsätzlicher Art. Er kann Hunderte von Fällen aufzeigen, die HIV-positiv sind und nie an »AIDS« erkrankten.
Er kann genauso viele Fälle aufzeigen, die ohne irgendeinen HIV-Erreger an »AIDS« gestorben sind, und er kann Hunderte von Fällen aufzeigen, von Menschen, die an dem AIDS-Mittel »AZT« gestorben sind.
Das gängigste AIDS-Mittel »AZT«, für die Krebstherapie entwickelt und wegen der enorm vielen Nebenwirkungen vom Markt genommen, führt zur totalen Verpilzung des Darms.
Im Darm befindet sich 80 % unseres Immunsystems. Dieser Bereich wird durch das Mittel völlig zerstört. Nährstoffe können nicht mehr aufgenommen werden, das klassische Bild des hohlwangigen AIDS-Patienten hat hier seinen Ursprung.
Dies und eine ganze Reihe mutiger Denkansätze und Forschungsergebnisse, was denn nun schlußendlich AIDS ist, finden wir in seinem Buch, das ab August in deutscher Sprache lieferbar sein wird. Dieses Buch wird in Deutschland für Aufsehen sorgen.
Wir erwarten gerade bei diesem Titel ein großes Presseecho.

Preis: 48,00 DM
ISBN 3-89539-284-7

MVV Michaels Verlag / Vertrieb GmbH
Sonnenbichl 12 · 86971 Peiting
Telefon 0 88 61 / 5 90 18 · Fax 0 88 61 / 6 70 91

ALTERNATIVE 3

Von der 3. Alternative handelt dieses Buch: Kolonialisierung des Mondes und des Marses.
Wieweit dieses Projekt gediehen ist, davon berichtete vor Jahren die angesehene, englische Wissenschaftssendung »science«. Nach der Ausstrahlung mußten sich die Redakteure für die Sendung entschuldigen und sie als »Satire« darstellen. Die Sendung wurde aus dem Programm genommen, obwohl nur ein Teil des geheimen Materials veröffentlicht wurde. Die vollständigen Unterlagen und weitere Materialien haben Eingang in dieses Buch gefunden.
Ein durchweg erschreckendes Buch. Ein Buch, das durch die aktuellen Überlegungen, den Mond als Basisstation für weitere Weltraumflüge zu nutzen, Bestätigung findet.

Preis: 32,00 DM
ISBN 3-89539-288-X

DAS UNGLAUBLICHE AUS DEM BESTSELLER ALTERNATIVE 3 HIER SIND DIE BEWEISE!

Alternative 3
DIE BEWEISE

1975 verbreitete die englische Wissenschaftssendung »science« die skandalöseste Geschichte, die je im britischen Fernsehen gezeigt wurde. Russen und Amerikaner arbeiten seit vielen Jahren bei einem Mond- und Marsbesiedlungsprogramm zusammen. Wissenschaftler werden entführt, Menschen als Arbeitssklaven wie Tiere gehalten, Menschen werden aus der Ferne verbrannt, die sogenannten »Spontanen Selbstverbrennungen«, Menschen werden Gehirnwäschen unterzogen – soweit die Aussagen der Fernsehsendung, soweit das Buch Alternative 3 (3-89539-288-X).
Das Buch und die Sendung wurden sofort nach Erscheinen in Verruf gebracht, die Inhalte der Lächerlichkeit preisgegeben, die Autoren gerufmordet.
Der kritische, amerikanische Journalist Jim Keith (in Deutschland bekannt durch sein Buch »Bewußtseinskontrolle« 3-89539-290-1) recherchierte die einzelnen Aussagen des Buches Alternative 3. Sein Ziel war es, das Lügenmärchen der Autoren zu entlarfen. Während seiner Arbeit mußte er erschüttert feststellen, daß immer mehr Aussagen der Realität entsprachen.
Das Ergebnis seiner Recherchen stellt er in dem Buch »Alternative 3 – Die Beweise« vor.

Hardcover
Preis: 44,80 DM
ISBN 3-89539-255-3

MVV Michaels Verlag / Vertrieb GmbH
Sonnenbichl 12 · 86971 Peiting
Telefon 0 88 61 / 5 90 18 · Fax 0 88 61 / 6 70 91

DIE MACHT 1

I

Wer Interesse an Machtkonzentration und Machtmißbrauch hat, wer wissen will, wie Logen und Geheimdienste und Politiker und Wirtschaft zusammenarbeiten, wie an den gewählten Institutionen vorbeiregiert wird, wer etwas über die Zusammenarbeit von Geheimdiensten und Mafia erfahren will, wer die gemeinsamen Hintermänner beim Namen genannt haben möchte, wer etwas über das »starwar-program« der US-Regierung erfahren will, über den Mißbrauch neuer Technologien, der braucht diese beiden neuen Bände.
Harte Fakten, keine Spekulationen, Zahlen, Namen und Quellen aus allen Bereichen der Macht und des Machtmißbrauchs.

Macht 1
288 Seiten, geb.
44,80 DM
ISBN 3-89539-069-0

DIE MACHT 2

ENTSPRICHT DER FREIHEITLICH-DEMOKRATISCHEN GRUNZORDNUNG

II

Auszug aus dem Inhaltsverzeichnis:
Was Freimaurer sein wollen, Namen prominenter Freimaurer, Logengründungen, Bayerische Illuminaten, Ränge der Illuminaten, Rituale und Bestrafung, Moderne Freimaurerbewegung. Die Century Association, CFR, Bilderberger, **Deutsche Bilderberger, Teilnehmerliste der Bilderberger 1996**, Trilaterale, Scrull & Bones, Schwarzer Adel, Mitglieder des Komitee der 300, TAVISTOCK Institutionen, Lion, **Die Macht der Rotarier am Beispiel Deutschland**, Informationskontrolle, Pressefreiheit im Land der Dichter u. Denker, **Abhören in Deutschland**, wie schütze ich mich davor, Loge P2, Haunebu, Der Todesstrahl, HAARP, **Gladio – die blutige Armee des CIA in Europa**, Deutsche Technologie, Widerstand gegen US Sendeanlage, Zeitexperimente, Stromspielereien, Atomuhr, **Bewußtseinskontrolle**, Watergate und MJ 12, Rattenfänger der UFO-Szene, Vortrag von Bob Lazar, Wasser auf dem Mars und dem Mond, **Leben auf den Jupiter-Monden**, AIDS – die Lüge, Klonen, Killerviren …

Macht 2
288 Seiten, Hardcover
ISBN 3-89539-492-0
44,80 DM

MVV Michaels Verlag / Vertrieb GmbH
Sonnenbichl 12 · 86971 Peiting
Telefon 08861/59018 · Fax 08861/67091

TIBET, DIE AUTHENTISCHEN AUFZEICHNUNGEN EINES DEUTSCHEN, DER VOR ÜBER 60 JAHREN ILLEGAL EINREISTE. EIN BUCH, DAS SEINE LESERSCHAFT ERSCHÜTTERN WIRD.

TIBET

auf geheimnisvollen Pfaden zu geheimnisvollen Orten

Tibet, das geheimnisvolle Land. Der mythisch umwogene Ort Shambhala wird immer wieder mit Tibet in Verbindung gebracht.
Finden wir hier einen der Eingänge in die »Innere Erde« in die »Hohle Welt«? Das vorliegende Buch ist das Ergebnis der Tibetreise eines Deutschen in das »heilige Land«. Selten wurde dieses geheimnisvolle Land so eindringlich für Leser erfahrbar wie in diesem Buch. Die Erstauflage erschien bereits in den 30er Jahren, es verschwand erst aus dem Handel, dann aus dem Bewußtsein.
Die Erfahrungen, die Abenteuer, die Beobachtungen des Theodor Illion werden uns alle aufrütteln. Ein Buch, das sich spannend liest. Ein Reisebericht? Ein Kulturführer? Ein Abenteuerbuch? Eine spirituelle Einführung? Ein Buch zur »Hohlen Erde«? Ein Buch über den Weg einer Selbstfindung? Ein biographisches Werk? Ein Buch über Tibet – aus dem Herzen Tibets.
Auf jeden Fall ein seltenes, außergewöhnliches Buch über einen Ort der Kraft, über ein Land, das entscheidende Impulse für die Menschheitsentwicklung leistet. Ein Buch über einen Menschen, der Anfang der 30er Jahre illegal einreiste, gerufen von einer Kraft, der er sein Leben lang folgte.
Das vorliegende Buch, »Tibet – auf geheimnisvollen Pfaden zu geheimnisvollen Orten« ist der erste Teil eines zweibändigen Werkes. Der 2. Band, der 1999 erscheinen wird, beinhaltet den ersten authentischen und detaillierten Bericht über den von ihm besuchten Ort »underground city«.
Tibet II – eine Brücke zwischen »Innenwelt und Außenwelt« wird die innere und äußere Fortsetzung dieses faszinierenden Werkes sein.

Hardcover
Preis: 39,80 DM
ISBN 3-89539-256-1